山东省自然科学基金项目(ZR201702210379)资助
山东省重大科技创新工程项目(2019JZZY020103)资助
国防科工局民用航天"十三五"技术预先研究项目资助

高光谱特征参数协同的矿物类型遥感识别方法

明艳芳　陈　影　韦　晶　著

U0337844

中国矿业大学出版社

·徐州·

内 容 简 介

本书针对矿物类型遥感识别存在的困难,提出了一种新的矿物类型遥感识别方法,开展了相关研究,并将所研究方法和传统方法进行了对比。书中主要介绍了高光谱遥感的基础知识、高光谱数据的处理方法、高光谱特征参数的生成方法以及基于高光谱特征参数的矿物类型遥感识别方法。

本书具有一定的理论价值和实用价值,不仅可作为自然地理学、遥感科学、地质科学等相关专业高等院校学生和教师的教学用书,还可以作为相关行业研究者的参考资料。

图书在版编目(C I P)数据

高光谱特征参数协同的矿物类型遥感识别方法/明
艳芳,陈影,韦晶著. —徐州:中国矿业大学出版社,2020.5
ISBN 978 - 7 - 5646 - 4658 - 5

Ⅰ. ①高… Ⅱ. ①明…②陈…③韦… Ⅲ. ①遥感技
术—应用—矿物—识别—研究 Ⅳ. ①P57-39

中国版本图书馆 CIP 数据核字(2020)第 067022 号

书　　名	高光谱特征参数协同的矿物类型遥感识别方法
著　　者	明艳芳　陈　影　韦　晶
责任编辑	周　红
出版发行	中国矿业大学出版社有限责任公司
	(江苏省徐州市解放南路　邮编221008)
营销热线	(0516)83884103　83885105
出版服务	(0516)83995789　83884920
网　　址	http://www.cumtp.com　**E-mail**:cumtpvip@cumtp.com
印　　刷	虎彩印艺股份有限公司
开　　本	787 mm×960 mm　1/16　**印张** 9　**字数** 161 千字
版次印次	2020 年 5 月第 1 版　2020 年 5 月第 1 次印刷
定　　价	52.80 元

(图书出现印装质量问题,本社负责调换)

前　言

　　地质填图是地质调查的一项基本工作，也是矿产普查和勘探中的一种基本工作方法。传统的地质填图方式主要是地面调查，实施周期长，图件更新慢，难以满足环境、矿产等领域对图件的要求。遥感技术的发展为地质填图提供了新的手段，特别是高光谱遥感技术的广泛应用，其"图谱合一"的地表观测方式，可以较高的精度识别矿物类型，从而在地质填图中发挥重要作用。

　　矿物类型的识别与普通的地物类型识别相比有其自身的特点。陆地表面不同的地物类型，通常在多个波长位置有较为明显的光谱差异，可利用的光谱范围较广，因此，其识别相对容易。而矿物类型的识别需要对不同种类的矿物进行精细化的区分，不同的矿物类型，其光谱特征具有较高的相似性。不同矿物类型光谱的区别主要集中在短波红外这一较窄的光谱区间内，可利用的波长范围窄，光谱差异不够显著，因此使用传统的遥感数据识别方法难以达到较高的精度。

　　本书主要针对矿物类型遥感识别存在的困难，提出了一种新的矿物类型遥感识别方法。与传统地物分类使用不同波段或波段组合的辐射数据不同，本书提出联合使用高光谱特征参数来区分不同的矿物类型，利用光谱特征参数能够突出矿物精细光谱特征差异的优势来提高矿物类型的识别精度，将新的光谱参数与传统的遥感分类方法相结合实现矿物类型的高精度识别。

　　本书共分为8章，第1章主要对研究背景进行了介绍，描述了本书研究工作的意义和价值，以及高光谱传感器、高光谱数据处理技术和高光谱矿物类型识别技术的发展历程；第2章介绍了高光谱遥感的基本原理，让读者对高光谱遥感技术的基础知识有一个基本的了解；第3、4章主要介绍了光谱数据库、光谱数据处理技术以及高光谱特征参数的生成方法；第5章主要介绍了传统的矿物类型识别方法的应用；第6、7章主要介绍了高光谱特征参数应用于不同的遥感分类方法及开展的矿物类型识别实验，并将实验结果与传统方法所得的结果进行了对比；第8章主要介绍了在不同植被覆盖区进行实验来证明该方法的稳定性。

本书的研究工作得到了山东省自然科学基金项目(ZR201702210379)、山东省重大科技创新工程项目(2019JZZY020103)、国防科工局民用航天"十三五"技术预先研究项目等的资助，在此表示感谢。

本书是笔者在博士论文的基础上完善而成的，书中研究工作得到了导师牟传龙教授以及韩作振教授的指导和帮助，在此，向两位老师表示诚挚的谢意！尽管笔者一直从事矿物类型遥感识别相关领域的研究、教学和应用实践工作，但受数据获取困难以及技术本身较为复杂等问题的限制，本书不可避免地存在疏漏之处，恳请读者谅解，并热忱欢迎提出宝贵意见。

著者
2020 年 3 月

目　录

1　绪　　论

1.1　研究背景与意义

地质工作担负着为国家提供矿产资源和地质资料,维护矿产资源的国家所有权,保护地质环境,实施地质勘查工作的科学管理的任务,是国民经济建设的基础性、战略性和公益性工作。地质工作中,特别是中小比例尺的区域地质调查工作,通常要同时对几千平方千米的区域地质特征进行全面的野外调查和研究,追溯地质历史和各种地质动力过程,探讨成矿的条件和规律,为矿产资源勘查、开发提供依据。地质填图是地质调查的一项基本工作,也是矿产普查和勘探中的一种基本工作方法,即对工作地区或已发现矿产地区进行系统的地质观察,测制一定比例尺的地质图,查明工作地区或已发现矿产地区的地质构造特征和矿产形成、赋存的地质条件,为进一步的找矿或勘探工作提供资料依据。

自 20 世纪 50 年代以来,我国开展了多次地质填图工作,采用的方式主要是地面调查。这种传统的地质填图方法需要的周期长,易导致图件信息过时,且形式单一,难以满足环境、矿产、土地利用等领域对图件的要求。欧美发达国家,自 80 年代中期便开始采用多手段填图的方法,使用高分辨率遥感数据,应用地理信息系统和数字制图等综合技术编制地质图件,同时生产各种应用图件,以满足有不同需求的用户。

高光谱分辨率遥感(hyperspectral remote sensing)是当前遥感领域的前沿技术,越来越广泛地应用于地质填图中(图 1.1)。该项技术利用很多很窄的电磁波波段(通常光谱分辨率为波长的 1% 左右)获得地物数据,数据包含丰富的空间、辐射和光谱三重信息。凭借其较高的光谱分辨率和连续的光谱通道,高光谱遥感技术在地质填图、植被生化组分提取、土地覆盖监测等方面都有广泛的应用。尤其在地质应用中,高光谱遥感技术对裸露的矿物类型识别,相比传统的探测方法优势明显,可以在矿物类型识别中发挥重要作用[1-4]。

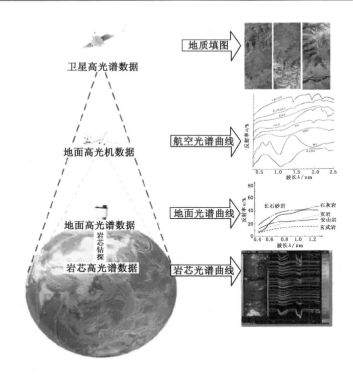

图 1.1　遥感地质填图框架流程图[5]

　　遥感地质填图的关键任务是识别矿物类型。当前的高光谱遥感数据识别矿物类型的方法主要分为两类。一类是基于光谱匹配的识别方法,使用连续的高光谱遥感数据与地表测量的具体类型的矿物光谱数据匹配,依据二者匹配的距离差异确定矿物类型[6-12]。光谱匹配方法识别矿物就是以相似性计算方法来比较高光谱遥感测得的光谱与地表测量的矿物的光谱的相近程度,据此确定特定像元属于哪种目标矿物[13-15]。该方法的限制性主要表现在两个方面:① 高光谱遥感数据是已经被大气等参数改变了的光谱数据,即使做了地表反射率恢复等处理,受当前技术条件以及大气复杂性的影响,仍然不能完全消除大气对地面真实光谱的影响;② 混合像元对光谱有明显的影响,地表的矿物光谱是测量的纯净的矿物光谱信息,而遥感测量的是矿物以及周围背景要素综合作用下的光谱,二者匹配有较大困难。以上因素使得直接用光谱匹配技术识别矿物类型存在明显的不确定性。

　　另一类是基于特定矿物光谱特征参数的识别方法。不同的矿物类型,在不同的光谱波段体现出独特的光谱特征。依据特定类型矿物的光谱特征参数可以识别出该类型的矿物[16-19]。在矿物类型单一的区域,该方法能获得较高的精度[20-22];而在矿物类型复杂的区域,由于矿物的光谱特征主要集中在短波红外这一非常窄的波长区域,单一的光谱特征参数很难区分出不同类型的矿物。

当前技术方法的局限,限制了高光谱遥感技术在矿物类型识别中的应用。多类型光谱特征参数协同的矿物类型遥感识别方法能够很好地解决这个问题。将多个光谱特征参数联合起来用于矿物类型的识别,能够有效提高矿物类型遥感识别方法对高光谱数据光谱畸变的抵抗能力,降低植被覆盖等背景地物对矿物类型识别的强干扰影响。

1.2　高光谱遥感矿物类型识别的现状与趋势

遥感矿物类型识别,即使用遥感数据来识别未知矿物类型。遥感影像的发展水平、光谱特征数据库的完备程度以及遥感识别方法的发展水平是矿物类型识别精度的保障。因此,本节分别从高光谱遥感技术的发展历程、矿物光谱机理研究及矿物光谱数据库的建设以及高光谱遥感矿物类型识别方法的发展概况三个方面来介绍国内外研究的现状和趋势。

1.2.1　高光谱遥感技术的发展历程

高光谱遥感技术是 20 世纪 80 年代初在多波段遥感的基础上发展起来的"图谱合一"的成像光谱遥感技术,被冠以遥感发展的里程碑称号。它是集成像技术、弱信号探测技术、光电转换技术等于一体的综合性科学技术[23],在光谱信息获取和分析上具有巨大的优势,世界各国都十分重视高光谱遥感技术的发展。随着高光谱传感器的不断涌现,高光谱数据处理技术日趋成熟与深入,应用领域也越来越广泛。

高光谱遥感的主要特点体现在以下三个方面:① 覆盖的光谱范围广,从可见光延伸到近红外,有些传感器到达中红外甚至热红外;光谱分辨率高,基本都达到了纳米级。② 实现了光谱与图像信息的有机结合。在高光谱数据中,每一像元对应一条光谱曲线,具有空间图像维和光谱维。③ 可用数据表达的模型更多,数据分析也更加灵活。通常描述高光谱数据的模型有三种:图像分析模型、光谱分析模型以及特征分析模型。

国外的高光谱遥感发展较早,出现了多个高质量的高光谱传感器。第一代航空高光谱传感器是美国喷气推进实验室(Jet Propulsion Laboratory,JPL)在1983 年研制的 AIS-1 传感器(aero imaging spectrometer 1),并被应用在地质填图等方面[24-25];1987 年美国航空航天局(NASA)和 JPL 共同研制出了第二代航空成像光谱仪 AVIRIS（airborne visible/infrared imaging spectrometer），该传感器在可见光、近红外波段有 224 个通道，光谱分辨率达到了 10 nm，其因具有高光谱分辨率、宽波段覆盖以及高信噪比特点而在多个领域得到了广泛的应用；有 128 个通道的 HyMap 传感器是 1997 年澳大利亚 HyVista 公司研制的高光谱制图仪，波长分布在 0.4～2.5 μm 范围内，光谱分辨率为 15～20 nm。近年来，国外的航天高光谱传感器也得到了快速的发展，其中第一台高光谱相机是搭载在 2000 年发射的 EO-1（地球观察者 1 号）卫星上的 Hyperion，它是新一代卫星高光谱传感器的代表，在 0.4～2.5 μm 波长范围内，以 10 nm 光谱分辨率设置了 242 个波段，其中 220 个通道数据质量较高，其空间分辨率为 30 m[26]。表 1.1 为国际典型的高光谱传感器介绍。

表 1.1　国际典型的高光谱传感器

传感器	国家或机构	波段数/个	光谱范围/nm	波段宽/nm	工作时间
AIS-1	美国	128	990～2 100 1 200～2 400	9.3	1983—1985 年
AIS-2	美国	128	800～1 600 1 200～2 400	10.6	1986—1987 年
AISA	芬兰	<286 可选	450～900	1.56～9.36	始于 1993 年
AVIRIS	美国	224	400～2 500	9.7～12.0	始于 1989 年
ASAS	美国	62	400～1 060	11.5	始于 1992 年
HYDICE	美国	206	400～2 500	7.6～14.9	调试阶段
HYPERION	美国	242	400～2 500	10	始于 2000 年
MODIS	美国	36	459～14 380	250～1 000	始于 1999 年
FTVHSI	美国	145/256	450～2 350		始于 1995 年
HRST	美国	210	400～2 500		始于 2000 年
FTHSI	美国	256	350～1 050	10	始于 2000 年
CHRIS	欧洲航天局	62	415～1 050	5～12	始于 2001 年
COIS	美国	210	400～2 500	10	始于 2002 年
GLI	日本	36	380～1 200 400～1 050		始于 2002 年
ARIES-1	澳大利亚	64	2 000～2 500	20/16	始于 2005 年
PRISM	欧洲航天局	200	450～200	12/1 000	始于 2005 年

国内高光感传感器起步于 20 世纪 80 年代后期。目前，主要的航空高光谱传感器有 PHI 和 OMIS。其中，PHI 的光谱覆盖范围为 0.4～0.85 μm，以

5 nm的光谱分辨率设计了 124 个通道[27]；OMIS 的光谱覆盖范围为 0.46～12.5 μm之间,在 0.46～1.1 μm 之间设计了 64 个波段。我国在 2008 年发射了第一个卫星高光谱传感器,是搭载在环境与减灾卫星上的高光谱成像光谱仪(hyperspectral imager,HSI),共有 115 个通道,光谱分辨率为 1.7～8 nm。表1.2 为国内典型的高光谱传感器介绍[28,29]。

表 1.2　国内典型的高光谱传感器

传感器	波段数/个	光谱分辨率/nm
PHI	224	5
OMIS	128	10～500
HJ-1A HSI	115	1.7～8

与多光谱遥感相比,高光谱遥感的优势包括:① 包含着连续的地物光谱信息。对地物光谱信息经过光谱重建后,可以实现与地面测量光谱的匹配,实际构建的地物光谱分析模型可直接应用到遥感过程中。② 提高了地表覆盖类型的识别能力,其高光谱分辨率的特点具备了探测诊断性光谱特征物质的能力,能够从更深入的层次准确区分地表覆盖类型,甚至识别其主要材质等。③ 其地物类型识别以及要素参数的提取方法更加灵活多样,类型识别上可以采用贝叶斯判别、决策树、神经网络等多种模式识别方法,也可以采用光谱匹配方法。

高光谱影像在应用的过程中还面临着以下关键技术需要解决:

① 高光谱影像光谱重建技术。高光谱影像记录的 DN 值,根据成像光谱仪的辐射定标、光谱定标数据,经过各种辐射校正,反演出地物反射率,这是高光谱遥感定量分析的基础。

② 高光谱影像分类识别技术。传统影像分类算法,如最大似然估计、神经网络等都是基于大数定理的,而高光谱影像维数高、波段相关性大,会遇到"维数灾难"现象,需要研究面向高光谱影像的分析方法。

③ 海量影像数据的存储与计算。高光谱影像数据量大、相关性强,面临着数据压缩问题;影像分析处理的过程中,需要巨大的计算资源。

1.2.2　矿物光谱机理研究及矿物光谱数据库建设

矿物的光谱特征是运用遥感方法识别矿物类型的基础。矿物光谱是矿物对特定波长范围的电磁波的吸收特性的反映,是矿物内部结构、微量元素以及特定类型离子的光谱体现。对矿物光谱特征的研究已经开展了半个世纪,在遥感技术及相关领域发挥了重要的作用。矿物光谱特征的产生主要是组成物质内部离子与基团的晶体场效应与基团振动的结果。但诸多的外在物理因素也会影响矿物的光谱特征,这些因素有矿物颗粒大小、颗粒形态、矿物之间的光谱混合效应、地表形态、入射光源几何方位、观测的几何方位等。若要将遥感矿物定量化识别水平提高到更高层次,必须深入理解这些变异因素对光谱的影响,深入理解物质内在组成对光谱的决定行为。在自然界,同类矿物的成分和结构构造都会有很大的不同,并且由于矿物混合效应和环境因素的影响,矿物光谱特征会产生多种变异。而且岩石矿物内部结构、化学成分的改变不仅会使光谱反射强度和谱带位置、吸收深度发生变化,也会因矿物中新离子的产生而出现新的特征谱带。因而尽可能地对各种条件下矿物光谱特征加以研究,是提高矿物光谱技术地质应用效果的前提条件。

不同矿物在短波红外到近红外谱段的吸收特征不同。尤其是某些特定分子和官能团,如:H_2O,OH^-,NH_4^+,CO_3^{2-},SO_4^{2-} 及含羟基阳离子,使得矿物在 $400 \sim 2\,500$ nm 之间具有独特的光谱特征信息,即金属离子的电子转移和 $Al—OH$、$Mg—OH$、CO_3^{2-} 等分子团的振动所形成的矿物光谱吸收特征[30]。矿物光谱通常包含一系列特征吸收谱带,这些特征吸收谱带在不同的矿物中具有较稳定的波长位置和较稳定的独特波形,能够指示离子类矿物、单矿物的存在[18],是利用高光谱进行矿物类型识别的基础。矿物的诊断性吸收特征可以用光谱吸收特征参数表征,如吸收波段波长位置(λ_p)、深度(H)、宽度(W)、对称度(S)、面积(A)等。自 20 世纪 80 年代开始,Hunt 等就开始对地球上多种矿物类型的光谱特征开展了研究[31];King 等对层状硅酸盐矿物的红外光谱做了一定量的研究[32],同时,Gaffey 研究了碳酸盐矿物的可见光到近红外的光谱范围[33,34];Kruse 等又在美国加利福尼亚州和内华达州等地,进一步深入地研究了矿物的光谱特征与处理技术[35];Clark 等又进一步研究了岩石矿物的光谱特征及其处理技术,实现了大量矿物信息的识别与提取[36-38]。我国学者也开展了大量针对特定矿物的光谱特征研究。舒守荣等对桂林地区碳酸盐岩、部分花岗岩、碎屑岩等 20 多种矿物的反射光谱进行了测试[39-40];傅碧宏等研究指出,碳酸盐岩在 2.33 μm 和 11.3 μm 附近有由 CO_3^{2-} 基团引起的谱带特征[41],泥灰岩、白云岩、灰岩在 2.33 μm 附近存在 CO_3^{2-} 的强吸收,灰岩吸收谱带的中心位置为 2.33 μm,利用这些光谱差异可以识别以上岩石、矿物类型。甘甫平等通过对矿物光谱特征进行分析,总结了部分离子类矿物或矿物类型识别规则,并指出矿物具有独特、较稳定的吸收谱带,这些谱带在不同的矿物中有较稳定的波长位置和独特的波形,指示着某种矿物的存在[18];张宗贵等通过对高光谱数据进行矿物光谱特征的综合分析,分别建立了绿泥石、绿帘石、橄榄石、绢云母、滑石、石膏及黑云母等矿物组合的识别准则[42];阚明哲等利用 HyMap 成像光谱遥感数据结合同步野外地物光谱实测信息和 USGS(United States Geological Survey)标准矿物光谱库光谱数据,在反射率图像转换的基础上对方解石、绿泥石和绢云母 3 种主要矿化蚀变岩矿进行了光谱特征分析[43]。周强等基于矿物的光谱特征,利用数理逻辑和一定的判别规则开发了高光谱遥感影像矿物分层自动识别模块[44]。王延霞等探索了不同粒度下矿物光谱曲线的变化情况以及相同粒度下不同矿物的光谱差异,利用地物光谱仪对采集的多种矿物进行观测,获取了不同粒度下的反射率光谱曲线,进而分析了不同粒度下各种矿物的光谱变化特征,对比了相同粒度下不同矿物的光谱差异,探索高光谱遥感识别矿物的可能波段。结果表明:各种矿物的光谱曲线均会随着粒度的改变而产生较大的差异。这一结论可为研究矿物的光谱差异提供理论基础[45]。

梁树能等探索了绿泥石矿物光谱特征与其矿物化学成分间的内在关联性,通过薄片显微分析,鉴定了岩石样品中的矿物种类及矿物组合特征,圈定出典型的绿泥石矿物颗粒,并测定了 16 件岩石样品中共 146 个具有典型代表性的绿泥石矿物颗粒的化学成分,对绿泥石矿物的光谱特征参量和其主要晶体化学参数的关系进行了分析研究,为利用高光谱技术探测矿物微观信息提供了基础依据[46]。

除对物质组成进行研究以外,对于观测几何和背景影响的研究也多有开展。甘甫平等认为,观测几何对矿物反射率有影响,对整体形态基本保持没有影响;矿物表面形态会影响吸收强度,而谱带位置、偏移度等特征参数基本保持不变,风化作用会导致吸收带位置改变,但阴离子基团所对应的光谱特征较为稳定[17]。混合矿物光谱的整体反射率遵循线性模型,强度与矿物的含量基本呈线性关系。因此,矿物的组成成分、结构和观测几何等因素决定光谱特征,但矿物成分是主导;表面特征和外部环境等因素通常只导致反射率的变化,而光谱特征参数,如谱带位置、宽度、吸收深度等一般较稳定。

为支持高光谱矿物遥感的研究,国内外构建了多个以矿物为主要类型的光谱数据库。USGS 光谱实验室在 1993 年建立了包含 444 个样本 218 种矿物的光谱数据库,波长范围在 0.2～3.0 μm 之间,光谱分辨率为 4～10 nm;美国约翰斯·霍普金斯大学(Johns Hopkins University,JHU)分别用 Beckman UV-5240(贝克曼分光光度计)和 FTIR(傅立叶变换红外光谱仪)检测,提供了包含 15 个子库的矿物光谱;美国 JPL 实验室对 160 种常见矿物进行了测试,并同时进行了 X 光测试分析,按照粒度大小分别建立了 JPL1、JPL2、JPL3 3 个光谱库;90 年代初美国地质调查局执行的一项国际地质对比计划(international geosciences programme,IGCP),其中的第 264 项是专门研究遥感地物光谱特性的,以此为基础,构建了 IGCP-264 光谱数据库,该光谱库中光谱数据主要由 5 种光谱仪器采集所得,采集的光谱分辨率从 0.2 nm 到 3.8 nm;基于 USGS、

JPL、JHU 3个光谱库，加利福尼亚技术研究所于 2000 年 5 月建立了 ASTER 光谱库，共计 8 类物质，即矿物类、岩石类、土壤类、月球类、陨石类、植被类、水/雪/冰和人造材料，还配备了相关的辅助信息。

1987 年中国科学院空间科学技术中心编写的《中国地球资源光谱信息资料汇编》，含矿物、土壤、植被、水体等地物的光谱曲线共 1 000 条，波长范围为 0.4～1.0 μm 以及 0.4～2.4 μm。中国国土资源航空物探遥感中心于 1998 年建立了"典型岩石矿物光谱数据库"，包含我国主要的岩石和矿物 500 余种，并加入了若干岩石、矿物光谱特征分析模型。

1.2.3 高光谱遥感矿物类型识别方法

国外对高光谱遥感矿物类型识别的研究开始较早，主要包括基于光谱波形参数、光谱相似性测度、混合光谱模型等方法。Bakker 等基于 AVIRIS 高光谱数据，利用光谱匹配技术实现了美国内华达州 Cuprite 矿区的矿物填图[47]；Baugh 等利用 AVIRIS 高光谱数据在美国内华达州南部雪松山脉地区定量地对铵矿进行了地质填图[48]；Rowan 利用 AVIRIS 高光谱数据和 ASTER 数据，绘制了美国科罗拉多州铁山地区的岩性分布图[49]；Bierwirth 等利用地表光谱数据和 HyMap 高光谱数据进行矿物制图，并识别出异常矿物区中金的异常[50]；Greg Vaughan 等利用热红外传感器 SEBASS 实现了在内华达州里诺地区的矿物填图，证明了线性解混技术的可行性，同时发现对生长的石英、明矾石等矿物识别难度较大[51]；Neville 等利用高光谱影像光谱分解技术，改善了配准精度，使得 SFSI 和 AVIRIS 数据中的明矾石、高岭石、水铵长石和蛋白石的相关性有明显提高[52]；Mars 等利用 ASTER 短波红外数据实现了内华达州 Cuprite 矿区和加利福尼亚山区的矿物填图[53]；Littlefield 等利用 AVIRIS、HyMap 等成像光谱仪数据，在美国内华达州渔湖湖底进行地热勘探[54]。近年来，随着高光谱遥感的飞速发展，利用高光谱遥感影像的特点进行分析和提取矿物光谱特征的研究也越来越多。甘甫平等使用高光谱卫星遥感数据 Hyperion 对西藏的驱龙区域开展矿物填图试验，矿物识别精确度达到 86%[55]；许宁等利用美国内华达州 Cuprite 矿区的 AVIRIS 高光谱数据，成功地获得该地区的方解石、白云母等矿物的分布[20]；相爱芹利用 ASTER 短波红外对内蒙古突泉马鞍山铜铝矿区和广西桂林全州地区进行蚀变矿物填图和岩性识别研究[56]；林娜等基于高光谱影像的光谱特征进行了高光谱图像分类实验，取得了较好的识别效果[57-58]；陈圣波等利用 Hyperion 高光谱数据，使用光谱特征拟合技术，成功分离了黑龙江呼玛地区的植被和岩矿[59]。孙灵芝等基于月球矿物绘图仪（M3）反射率数据，在东海盆地发现了尖晶石、辉石、结晶斜长石、橄榄石等矿物，采用修正高斯模型(MGM)进行混合矿物光谱分解获取了矿物端元,利用光谱角分类方法(SAM)制作了 Maunder 撞击坑的主要矿物类型分布图[60]。

常睿春等提出了基于快速独立成分分析的高光谱遥感矿物信息提取方法,利用虚拟维数方法确定高光谱遥感数据的最优特征个数,然后进行降维和混合像元分解以提取 HyMap 机载高光谱遥感数据的矿物信息[61]。

在蚀变矿物填图方面,国内外有大量的技术与研究,其精准性也在不断地提高。唐超等基于 ASTER 多光谱影像数据与蚀变矿物组合相关的光谱特征,利用主成分分析与比值分析相结合的方法从 ASTER 数据中提取与金属矿化有关的矿物及矿物组合遥感异常信息,并结合地质矿产资料分析与致矿因素相关的遥感异常,圈定找矿靶区,得到了良好的实际应用效果[62]。于清研究了 ETM 和 ASTER 两种光谱数据异同在矿化蚀变填图中的应用,进行地质构造解译和矿化蚀变信息提取的工作[63]。刘汉湖等在高光谱遥感图像处理基础上,开展了基于像元统计和光谱特征的分类识别实验研究,并应用混淆矩阵评价了不同分类方法、不同岩矿种类的分类精度,为高光谱遥感技术在遥感地质矿物填图中的应用提供了理论依据[64]。

目前,国内外发展较为成熟的矿物信息提取与识别方法,主要包括光谱相似性测度、光谱特征局部匹配及混合像元分解技术等。光谱相似性测度利用整条光谱的形状特征进行匹配,受大气、光谱定标和光谱重建的影响较小,但对混合光谱、光谱间微小差异不够敏感,稳定性较差[65-66];光谱特征局部匹配是以光谱吸收特征参数为基础的识别方法[67],该方法对光谱间微小差异比较敏感,但特征选择比较单一,稳定性较差,受图像信噪比、光谱重建精度等因素影响较大;混合像元分解技术能够有效分离混合矿物,但该技术的关键与难点在于纯净端元获取[68]。使用高光谱遥感技术实现矿物信息识别主要有两个特点:一个特点是应用多个波段的,甚至在可见光、近红外波段范围的全波段反射率信息来识别矿物类型,使用的识别技术主要是不同类型的光谱匹配方法[7,8,10,69,70]以及混合像元分解技术[71-74];另一个特点是针对某种矿物的光谱特征,使用特定的光谱特征参数来实现目标矿物类型的识别,常用的光谱特征参数包括吸收波谷位置、吸收宽度、吸收对称度等参数。以上方法对某些区域、特定的矿物类型均有过较好的识别效果,但因为矿物分布的复杂性以及环境背景、大气影响等因素的限制,基于反射率匹配技术以及单一光谱特征参数识别技术难以达到较高的精度,且其稳定性无法保障。我们提出多类型光谱特征参数联合应用的思路,充分发挥不同特征参数对局部光谱变化的适应性,以及多种光谱特征参数对不同矿物类型敏感性差异的优势,抵抗环境背景、大气影响等因素对矿物反射率变化的影响,在多种矿物伴生的局部区域,有效实现矿物类型的高精度分离。

2 高光谱遥感的基本原理

　　20 世纪 80 年代初发展起来的高光谱遥感成像技术是遥感界的一场革命，它的出现和发展使人们通过遥感技术观测和认识事物的能力产生了又一次飞跃，也续写和完善了光学遥感影像从黑白全色影像通过多光谱到高光谱的全部影像信息链。对于遥感而言，在一定波长范围内，被分割的波段数越多，光谱取样点越多，越接近于连续光谱曲线，因此可以使得扫描仪在取得目标地物图像的同时也能获取该地区的光谱组成。这种既能成像又能获取目标光谱曲线的"谱像合一"的技术，成为成像光谱技术。高光谱成像光谱仪是遥感进展中的新技术，其图像由多达数百个波段的非常窄的连续的光谱波段组成，覆盖了可见光、近红外、中红外和热红外区域全部光谱带。高光谱数据光谱分辨率可以达到纳米（nm）数量级，通过对高光谱数据进行分析和处理，可以发现其中蕴含着丰富的光谱信息以及地物细节。

2.1 高光谱遥感成像特点

　　与传统的多光谱扫描仪相比，高光谱成像光谱仪（HSI）能够获取上百波段、光谱连续的图像数据，光谱分辨率高达 10 nm 数量级，每个像素光谱数据不再是离散的线段，而是连续的光谱曲线。高光谱图像数据立方体是由传统二维图像空间信息和光谱空间信息构成的，其图像空间用于表述地物的空间分布，而光谱空间则用于表述每个像素的光谱属性，实现了传统图像空间特征与光谱特征的有效融合，解决了传统科学领域"成像无光谱"和"光谱不成像"的历史问题。

2.1.1 高光谱分辨率

　　成像光谱仪能获得整个可见光、近红外、中红外、热红外波段的多而很窄的连续的光谱波段。波段数（或通道数）多至几十甚至数百个，波段间隔在纳米级内,光谱分辨率一般为 5～20 nm,个别的加拿大的 FLI/PMI、CASI 光谱分辨率达 2.5 nm,德国的 ROSIS 和中国的 PHI 光谱分辨率小于 5 nm。

地物光谱研究表明,任何地物的反射光谱都蕴含着物质本身的信息,在可见-短波红外光谱区间内均有诊断性的反射光谱特征带,带宽一般为 20～40 nm,而且不同状态下的同一地物具有不同的光谱特征。相对单波段全色数据或多光谱遥感数据,高光谱数据以较窄的波段区间、较多的波段数量提供遥感信息,可完整涵盖探测谱段范围内的地物光谱信息。它所提供的这种每个像元或像元组的连续光谱,较客观地反映了地物光谱特征以及光谱特征的微弱变化,如图 2.1 所示。

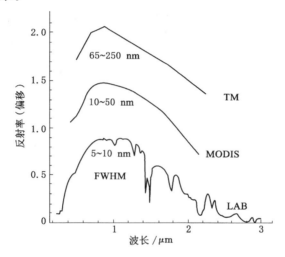

图 2.1　不同光谱分辨率传感器获取的地物光谱

高光谱遥感光谱通道多,在成像范围内连续成像。传统的单波段图像和多光谱遥感图像可见光和近红外光谱区的波段数非常有限,其光谱分辨率通常在 100 nm 级,在成像范围无法连续成像。而高光谱遥感图像具有众多的光谱波段,一般是几十个或者几百个,有的甚至高达上千个,且这些波段一般在成像范围内都是连续成像的,因此能够获得连续精细的光谱曲线[75]。

2.1.2　图谱合一

高光谱遥感数据是一个光谱图像立方体,如图 2.2 所示。其最主要的特点是将传统的图像空间维与光谱维信息融合为一体,与单波段图像相比,多出一维光谱信息,在获取地表空间图像的同时,得到每个像元对应的地物光谱信息。高光谱遥感成像技术把确定目标地物性质的光谱信息同体现其空间几何关系的图像有机地统一在了一起,类似于将人们日常的逻辑思维方式与形象思维方式结合在一起。由于高光谱分辨率高,由数十、数百个光谱图像就可以获得影像中每一个像元的连续光谱数据,"图谱合一"可以反映目标的精细光谱差异。

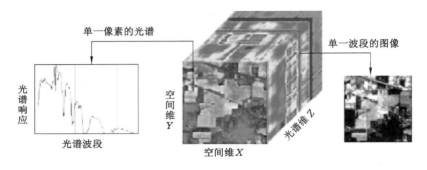

单一像素的光谱

光谱响应

光谱波段

空间维 Y

空间维 X

光谱维 Z

单一波段的图像

图 2.2　高光谱数据立方示意图

高光谱遥感获取的地球表面的图像包含了地物丰富的空间、辐射和光谱三重信息,这些信息表现了地物空间展布的影像特征,同时也可能以其中某一像元或像元组为目标获得它们的辐射强度以及光谱特征。影像、辐射与光谱这三个遥感中最重要的特征的合一就成了高光谱成像,成像光谱进而作为成像光谱辐射遥感信息最重要的特点[3]。

2.1.3　多种数据表达方式

在数学上和概念上描述高光谱数据的方式是决定数据处理方法的关键,可用的数据表达的方式更多,数据分析也更加灵活。高光谱数据通常的表达方式有三种:图像空间、光谱空间以及特征空间。

（1）图像空间

图像空间是最简单、最直接的高光谱数据的表达方式,如图 2.3(a)所示,高光谱影像能够清楚地显示出图像各个像素的空间位置关系,使人们可以直观地判读和解译图像所提供的地物空间分布信息,并了解地物之间的几何邻域关系[75]。普通二维图像提供的是像元灰度值,而高光谱影像提供的是待测地物的光谱反射率。在高光谱数据信息处理的训练样本提取过程中,由于图像空间可以清晰辨别像元空间位置关系,能把图像中每一个像素与地面位置对应起来,这对分类器模型的构建以及分类精度的提高是非常有益的。图像表示对于纵览地物之间的相互位置关系是很有用处的。但图像空间表达方式无法表达图

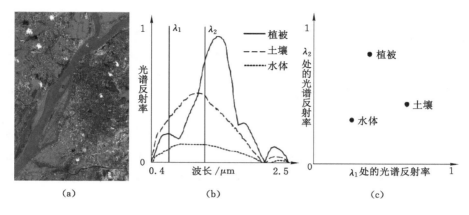

图 2.3　高光谱数据的不同表达方式[76]

（a）图像空间；（b）光谱空间；（c）特征空间

像中波段间的相互关系，而仅表示一个波段的光谱信息[76]。

（2）光谱空间

高光谱数据的光谱空间提供了每个像素的光谱信息，图像中每个像素对应一条光谱响应曲线。如图 2.3(b) 所示，在一个以波长和光谱反射率为横纵轴的二维坐标空间中，光谱空间中每一条光谱曲线都代表一个独立的像素在不同波长范围上的光谱反射率的变化情况[75]。由于相同的地物在不同的波段具有不同的光谱反射率，而光谱曲线的变化趋势比较相近；不同的地物具有不同的光谱反射率和吸收特性，光谱响应曲线不尽相同。因此，根据这一特点，各像素的光谱可以用于地物分类或目标识别。

在这一表达方式中，光谱曲线中包含了用于解译光谱所需的地物信息。但在实际情况中，地物光谱响应会受到如太阳照度和风速等因素的影响，而这些因素很难准确测量，这就造成了即使同类别地物在光谱空间也会具有较大的光谱差异，使得这一描述方式很难适应高光谱数据的分析，这一现象对基于光谱空间的分类算法提出了挑战[76]。

（3）特征空间

高光谱数据的特征空间通过另一种数据表达方式的光谱响应，可以理解为对数据的光谱空间取样。其较高的特征维数构成了一个具有高维凸体结构的高维特征空间，凸体的顶点表示每个类别的像素，不同地物间的差异程度便由凸体顶点间的高维几何关系来表示。从数学的角度，特征空间充分利用了像素在所有波段的光谱信息，便于模式识别处理，能够得到较好的处理效果[75]。虽然这一抽象的表示方式使人们难以想象高维空间中数据的分布方式，但从提供的地物属性特征的角度来说,特征空间提供了最多的信息,采用计算机处理数据时,特征空间比图像和光谱方法更适合于高光谱影像的研究。但特征空间较高的特征维数也为数据的空间几何模型构造及分类算法带来了难题。

2.2　高光谱遥感物理机理

在热力学温度为 0 K 以上时,所有物体都会发射电磁辐射,也会吸收、反射其他物体发射的辐射。通过记录地物发射或反射辐射能量,就可以充分认识电磁辐射穿过地球大气层与物体发生相互作用的结果,能够建立起对植被、土壤、岩石、地质构造、地貌等地表特征的认识。利用高光谱遥感接收、记录电磁波与不同物体相互作用后的高光谱分辨率的辐射信号,经分析处理可得到丰富的专题信息。

2.2.1　电磁辐射与电磁辐射定律

2.2.1.1　电磁辐射

电磁场(electromagnetic field)是物质存在的一种形式。交变电磁场在空间的传播形成电磁波。电磁波(electromagnetic wave)是一种伴随变化电场和磁场的横波,其传播方向与交变的电场磁场互相垂直。如图 2.4 所示,电场振幅变化的方向垂直于它的传播方向,而磁场随电场传播方向在电场的右侧。

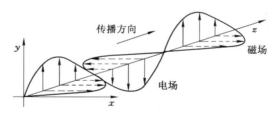

图 2.4　电磁波

电磁辐射(electromagnetic radiation)是电磁波传递能量的过程,是能量的一种动态形式,只有当它与物质相互作用时才表现出来。电磁辐射与物质相互作用中,既反映出波动性,又反映出粒子性。电磁波以波动的形式在空间传播,用波长、频率、振幅等来描述,波动性还形成了波的干涉、衍射、偏振等现象;粒子性是指电磁辐射除了它的连续波动状态外还能以离散的形式存在,分解为非常小的微粒子的特性。

根据测定方式的不同,电磁辐射的定量度量分为辐射测量和光度测量。常用于定量描述电磁波辐射的量如下：

辐射能量(W)：以电磁波形式传送的能量，单位为 J（焦耳）。

辐射通量(Φ)：单位时间内传送的辐射能量，$\Phi = dW/dt$，单位为 W（瓦）。辐射通量是波长的函数，总辐射通量是各谱段辐射通量之和或辐射通量的积分值。

辐射强度(I_e)：在单位立体角、单位时间内，从点辐射源项某方向辐射的能量，$I_e = d\Phi/d\omega$，单位为 W/sr。

辐射照度(I)：被辐射物体表面单位面积上接受的辐射通量，$I = d\Phi/dS$，单位为 W/m²，S 为面积。

辐射出射度(M)：辐射源单位表面积发射的辐射通量，$M = d\Phi/dS$，单位为 W/m²，S 为面积。

辐射照度(I)与辐射出射度(M)都是辐射通量密度的概念，区别在于 I 为物体接受的辐射，M 为物体发出的辐射，都与波长 λ 有关。

辐射亮度(L)：假定有一辐射源呈面状，向外辐射的强度随辐射方向而不同，则 L 定义为辐射源在单位立体角、单位时间内外表面单位面积上的辐射通量，$L = \dfrac{\Phi}{\Omega(A\cos\theta)}$，单位为 W/(sr·m²)。其中，$A$ 为面积，Ω 为立体角，θ 为给定方向与辐射源表面法线间的夹角。

2.2.1.2　基本电磁辐射定律

遥感应用的基本电磁辐射定律主要有：基尔霍夫(Kirchhoff)定律、普朗克(Planck)辐射定律、斯忒藩-玻耳兹曼(Stefan-Boltzmann)定律和维恩(Wien's)位移定律。

（1）基尔霍夫(Kirchhoff)定律

物体表面的辐射出射度 $M_\lambda(T)$ 与半球谱吸收率 $\alpha(\lambda, T)$ 的比值与物体的性质无关，该比值是温度和波长的普适函数 $M_b(\lambda, T)$，即

$$M_\lambda(T)/\alpha(\lambda, T) = M_b(\lambda, T) \tag{2.1}$$

根据该定律，可以定义发射率(ε)为一个给定物体与同温度下的黑体的辐射出射度之比：$\varepsilon = M/M_b$。

（2）普朗克(Planck)辐射定律

表明辐射出射度(M)与温度(T)、波长(λ)的关系：

$$M_\lambda(T) = 2\pi hc^2 \lambda^{-5} \left[\exp(hc/\lambda kT) - 1\right]^{-1} \tag{2.2}$$

式中，h 为普朗克常量，$h = 6.626 \times 10^{-34}$ J·s；k 为玻耳兹曼常数，$k = 1.380\,6 \times 10^{-23}$ J/K；c 为光速，$c = 2.998 \times 10^8$ m/s；λ 为波长，m；T 为热力学温度，K。

（3）斯忒藩-玻耳兹曼（Stefan-Boltzmann）定律

表述了黑体总辐射出射度（W/m²）与温度（T，绝对温度）之间的定量关系：

$$M(T) = \sigma T^4 \tag{2.3}$$

式中，σ 为斯忒藩-玻耳兹曼常数，$\sigma = 5.6697 \times 10^{-34}$ W/(m²·K⁴)；T 为发射体的热力学温度（单位为 K）。该定律从本质上说明了单位面积上较热的黑体辐射的能量要多于较冷的黑体。同时，该定律表明，随温度的升高，辐射能量迅速增大。

（4）维恩（Wien's）位移定律

维恩位移公式表示了黑体单色辐射照度最大值相对应的波长与温度的关系：

$$\lambda_{\max} \cdot T = b \tag{2.4}$$

式中，$\lambda_{\max}$ 指辐射强度最大处的波长；T 指绝对温度，K；b 为常数，$b = 2.898 \times 10^{-3}$ m·K。该定律表明，黑体最大辐射强度所对应的波长 $\lambda_{\max}$ 与黑体的绝对温度 T 成反比：黑体温度越高，其最大辐射照度对应的波长位置越向短波方向移动。这就是可见光物体的温度越高，其颜色越向蓝色、紫色变化的原因。

2.2.2 太阳辐射与地球辐射

地球上的电磁辐射主要来自太阳，太阳辐射的光谱从 X 射线一直延伸到无线电波，是个综合光谱。但太阳辐射的大部分能量集中于近紫外-中红外（0.31～5.6 μm），其中可见光占全部能量的 43.5%，近红外占全部能量的 36.8%，而近紫外-短波红外（0.31～2.5 μm）占全部能量的 95%。由此可见，太阳辐射主要为短波辐射。在此光谱区内太阳辐射的强度变化很小，可以当作稳定的辐射源。

当太阳辐射穿过大气层到达地面时，部分被云层和其他大气成分反射回太空（约 30%），部分被大气吸收（约 17%），部分被散射成为漫辐射到达地表（约 22%）；只有约 31% 的太阳辐射作为直射太阳辐射到达地球表面，这部分电磁辐射有一部分被地表反射，剩余部分被地物吸收。

如图 2.5 所示，地球大气层以外的太阳光谱辐射照度曲线为平滑的连续光谱曲线，它近似于 5900 K 的黑体辐射，由于大气影响太阳辐射照度光谱曲线变得非常复杂，存在多个吸收通道。

地表吸收太阳辐射后产生自身的辐射，称为地球辐射。地球辐射分为长波辐射、短波辐射和中红外辐射。长波辐射（6 μm 以上）指地表物体自身的热辐射，在此区域内太阳辐射的影响极小；短波辐射（0.3～2.5 μm）指地球表面对太阳辐射的反射，地球自身的热辐射可忽略不计；中红外辐射（2.5～6 μm）

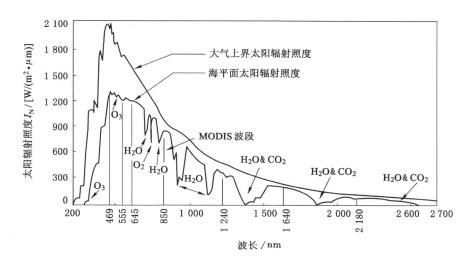

图 2.5 太阳辐射照度分布曲线

介于两者之间,既有对太阳辐射的反射又有地球自身的热辐射,其影响均不能忽略。

地表在吸收太阳辐射的同时,也向外界发射长波辐射能 R_L,而大气的长波辐射也对地面有贡献,因此地表电磁辐射的净辐射收入 R_n 为

$$R_n = (1 - \rho)R_S \downarrow + R_L \downarrow - R_L \uparrow \tag{2.5}$$

式中,ρ 为地表全波段的反射率,R_n 为地表的净辐射收入,$R_S \downarrow$ 为入射到地面的太阳短波辐射能,$R_L \downarrow$ 为大气长波辐射对地面的辐射能,$R_L \uparrow$ 为地表向外界发射的长波辐射能。

2.2.3 电磁辐射与地表的相互作用

电磁辐射与地表的相互作用,主要有三种基本的物理过程:反射、透射、吸收。

(1) 反射

当电磁辐射到达两种不同介质的分界面时,入射能量的一部分全部返回原介质的现象,称之为反射,反射的特性可以用反射率表示。反射率 ρ 为反射能与入射能之比,反射率是波长的函数,又称为光谱反射率 $\rho(\lambda)$,取值在 $0 \sim 1$ 之间:

$$\rho(\lambda) = \frac{E_R(\lambda)}{E_I(\lambda)} \tag{2.6}$$

物体的反射率随波长变化的曲线称为反射光谱,其形状反映了地物的光谱特征。影响物体光谱反射率的因素除了波长外,还包括物质类别、组成、结构,入射角,物体的电学性质(电导、介电、磁学性质)及其表面特征(粗糙度、质地)。因此,对于遥感应用而言,物体的反射性质是揭示目标本质的最有用的信息。反射通常分为镜面反射、漫反射和方向反射。

(2)透射

当电磁波入射到两种介质的分界面时,部分入射能穿越两介质的分界面的现象称为透射。透射是辐射穿过一种介质而没有被严重衰减的现象。透射的能量穿越介质时,往往部分被介质吸收并转换成热能再发射。介质透射能量的能力,用透射率 τ 来表示:

$$\tau = \frac{E_T(\lambda)}{E_I(\lambda)} \tag{2.7}$$

(3)吸收

地表吸收入射的电磁辐射后,温度会发生变化,进而形成地表自身的热辐射。根据黑体辐射规律和基尔霍夫定律有:

$$M(\lambda, T) = \varepsilon(\lambda, T) \cdot M_0(\lambda, T) \tag{2.8}$$

其中,T 为地表温度,λ 为波长,M_0 为黑体辐射出射度,M 为地表实际辐射出射度。

地表温度存在日变化和年变化。当温度一定时,物体的比辐射率随波长变化而变化。比辐射率光谱特征曲线的形态特征可以反映地物本身的特性,包括其组成、温度、表面粗糙度等物理特性。因此,探测地物的红外及微波辐射,并与相同温度条件下的辐射率曲线比较是遥感识别地物的重要方法之一。

2.2.4 电磁辐射与大气的相互作用

大气主要由多种气体和悬浮颗粒组成,按热力学性质可垂直分为对流层、平流层、中间层、电离层。太阳辐射穿过大气时,会受到大气对其产生的散射、折射、吸收等作用的影响。所有用于遥感的辐射能均要通过地球的大气层,大气净效应取决于路径长度、电磁辐射能量信号的强弱、大气条件以及波长等,它对于遥感图像和数据质量均有重要影响。

(1)大气散射

电磁波在非均匀介质或各向异性介质中传播时改变原来传播方向的现象称为散射。大气散射是指电磁辐射受到大气中微粒(大气分子或气溶胶等)的影响而改变传播方向的现象。散射强度取决于微粒的大小、微粒的含量、辐射波长和能量传播穿过大气的厚度。散射的结果改变辐射方向,产生天空散射光,其中一部分上行被空中遥感器接收,一部分下行到达地表。

大气的散射有以下几种不同的形式:① 选择性散射。当引起散射的大气粒子直径远小于入射电磁波波长时,出现瑞利散射,波长越长其散射越强;当大气粒子直径约等于入射波波长时,出现米氏散射,往往影响到比瑞利散射更长的波段,散射效果依赖于波长。② 无选择性散射。在引起散射的大气粒子直径远大于入射电磁波波长时出现,其散射强度与波长无关。

大气散射辐射对遥感、遥感数据传输的影响极大。大气散射降低了太阳光直射的强度,改变了太阳辐射的方向,造成遥感图像辐射畸变,并使暗色物体表现得比自身更亮,降低了遥感影像的反差、图像的质量和空间信息的表达能力。

（2）大气折射

电磁辐射穿过大气层时,会发生折射现象,改变传播方向。大气的折射率与大气密度相关,密度越大,折射率越大;离地面越高,空气越稀薄,折射率越小。由于电磁辐射在大气传播中折射率的变化,它的行进轨迹是一条曲线。这样当它到达地面后,地面接收的电磁辐射方向与实际的太阳辐射方向相比,就会偏转一个方向。

（3）大气吸收与大气窗口

由于大气分子,如臭氧、二氧化碳和水汽等的吸收,电磁辐射穿过大气时,发生能量衰减。气体通过转动状态、振动状态或电子状态的变化吸收辐射。气体转动能量的微弱变化导致低频光子（微波或远红外波段）的吸收和散射,而振动传递对应能量高,相应导致近红外波段的吸收。而电子状态变化对应主要能量的变化,导致可见光和超声波波段的吸收和散射。水蒸气的吸收作用主要集中在大于 $0.7~\mu m$ 光谱波段,而臭氧主要在 $0.55\sim0.65~\mu m$ 光谱波段。二氧化碳的影像作用在 $0.7~\mu m$ 波长左右有较强反应。甲烷在 $2.3~\mu m$ 和 $3.35~\mu m$ 波长处有两个较强的吸收带。由于这些气体以特定的波长范围吸收电磁能量,因而对遥感系统影响很大。大气的选择性吸收不仅使气温升高,而且造成太阳发射的连续光谱中某些波段不能传播到地球表面。

太阳辐射中不同电磁波通过大气后衰减的程度不一样,有些波段衰减很小,透过率很高,这些使能量较易通过的波段叫大气窗口。对于遥感而言,只有位于大气窗口的波段才能被用于生成遥感图像。目前遥感常用的大气窗口如图 2.6 所示。

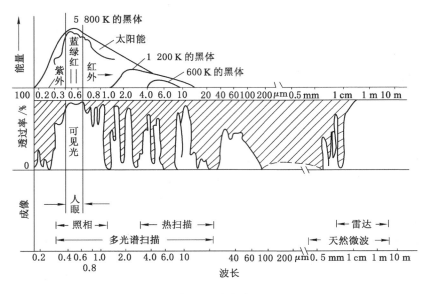

图 2.6　大气窗口

2.3　高光谱成像机理和成像光谱仪

2.3.1　高光谱成像关键技术

携带地物属性信息的太阳辐射信号经过"太阳—大气—地物—大气—高光谱扫描仪"的辐射信号传递过程,最后辐射信号到达高光谱扫描仪,通过前置光学器件被光谱分光系统分解成不同波长的、近似连续的光谱信号,由对应的光电探测器接收并转换成电信号,实现光电转换过程,最后通过模数转换,得到原始的高光谱信号,如图 2-7 所示。

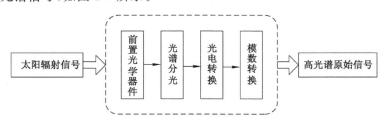

图 2.7　高光谱成像仪的主要过程

成像光谱仪(imaging spectrometer)是光、机、电一体化的集成,它主要由光学系统、精密机械结构、光电探测器和电子学系统组成。成像光谱仪是成像技术和光谱技术的融合,其光学系统由前置光学系统和光谱成像系统组成,通过入射狭缝将二者有机地结合在一起。其中比较重要的关键技术有以下几项。

(1)探测器焦平面技术

成像光谱仪的发展首先依赖于探测器焦平面技术的发展。目前世界上硅焦平面探测器技术已十分成熟,大面阵和长线阵的硅基 CCD(电荷耦合器件)也已经商品化。因此,采用硅基 CCD 面阵把可见/近红外波段的成像光谱仪的光谱采样间隔细分到 1～2 nm 也并不困难。国际上已有多种采用面阵 CCD 的高质量成像光谱仪。而红外波段的成像光谱仪的发展更是受益于红外焦平面器件性能的提高,对于短波红外光谱,目前常用的器件有 InSb 探测器、HgCdTe 探测器等。

(2)各种新型的光谱仪技术和精密光学技术

成像光谱仪中的光谱仪是整个系统中的核心部分,和传统的单色仪相比,其光谱分辨率的要求没有那么高,但系统的光学系数往往是非常小的,在 1～2 之间,即对光学设计的要求非常高。色散器件一般用光栅和组合棱镜。为了提高成像光谱仪的光谱分辨能力和简化系统,许多新的分光谱技术也被纷纷采用,目前常用的有傅立叶变化光谱仪、渐变滤光片光谱仪、旋转滤光片轮光谱仪等。

(3)高速数据采集、传输、记录和实时无损数据压缩技术

为了既能记录更多的有效信息,又能减少数据记录和传输的压力,针对成像光谱数据的实时无损压缩技术不断发展,成为数据处理的一个新的研究领域。目前计算机技术的飞速发展,也带动了各种记录技术的发展,无论是磁带、光盘、磁盘等设备,它们的记录速度和容量均在不断地上升,而价格却在不断下降,这对成像光谱技术的发展有很大的促进作用。

(4)成像光谱信息处理技术

成像光谱仪的数据具有波段多、光谱分辨率高、数据量大、数据传输率高等特点,因此传统的数据处理方法无法适应成像光谱仪数据的处理。作为成像光谱仪的数据处理方法,主要应解决以下几个技术重点:海量数据的高比例非失真压缩技术,成像光谱数据高速化处理技术,光谱及辐射量的定量化和归一化技术,成像光谱仪数据图像特征提取及三维谱像数据的可视化技术,地物光谱模型及识别技术,以及成像光谱数据在地质、农业、植被等领域中应用模型的建立。

2.3.2 成像光谱仪的光谱成像

成像光谱仪所采用的光学原理是多种多样的,其中的核心是分光技术,成像光谱仪根据它的光谱成像系统所采用的分光原理不同,可以分为棱镜、光栅色散型成像光谱仪,干涉型成像光谱仪,滤光片型成像光谱仪,计算层析型成像光谱仪,二元光学元件型成像光谱仪和三维成像型成像光谱仪等。

（1）棱镜、光栅色散型

棱镜色散是指利用棱镜,将复色光分成单色光。图 2.8 所示为棱镜色散分光原理,是色散棱镜在成像光谱仪中的典型应用方式,入射狭缝位于准直系统的前焦面上,入射光经准直系统准直后,经棱镜由成像系统将狭缝按波长成像在焦平面探测器上。

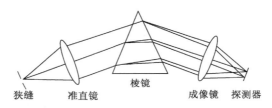

图 2.8　棱镜色散分光原理

光栅色散是指利用光的衍射效应进行分光。如图 2.9 所示,入射狭缝位于准直系统的前焦面上,入射光经准直系统准直后,经光栅由成像系统从狭缝按波长成像在焦平面探测器上。

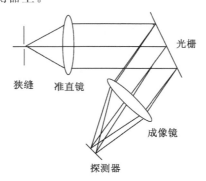

图 2.9　光栅色散分光原理

色散型成像光谱仪的工作原理如图 2.10 所示,前置光学系统将目标成像在光谱成像系统的入射狭缝上,入射狭缝为视场光阑,从入射狭缝出射的光经准直镜准直后入射到色散元件上,经色散元件色散,再经聚焦镜聚焦成像在二维面阵探测器的不同位置上。在面阵探测器上得到狭缝上各点的光谱信息,与入射狭缝长度方向平行的一维为空间维,与狭缝长度方向垂直的一维为光谱维。这里应注意与传统的摄谱仪的区别,传统的摄谱仪只要求在垂直于狭缝长度方向上形成按波长分开的光谱线,但对于成像光谱仪,还要求在狭缝长度方向上也形成各点的像。也就是说,摄谱仪在狭缝长度方向上不要求空间分辨率,而成像光谱仪则要求空间分辨率。

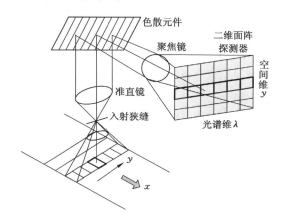

图 2.10　色散型成像光谱仪工作原理图

（2）干涉型

与色散型成像光谱技术相比,干涉型成像光谱技术在原理上具有高通量（通量较色散型成像光谱仪高 200 倍左右,光能利用率高 1～2 个数量级）、高光谱分辨率、高信噪比、大视场的特点,特别有利于作为航空航天遥感领域的高性能的高光谱成像系统。

干涉型成像光谱技术的理论依据是干涉信息和光谱辐射信号间的傅立叶变换关系。通过干涉成像光谱仪测量的不同光程差下的干涉信息,对获取到的原始信号（干涉信息）进行傅立叶变换得到每个像元的光谱分布,其原理流程如图 2.11 所示。干涉成像光谱技术的关键是对进入光谱仪的辐射光进行分束,实现分束光的干涉。

根据光程差的产生方法,干涉型成像光谱仪主要分为时间调制型与空间调制型。

时间调制型成像光谱仪最早多是基于 Michelson（迈克尔逊）干涉仪的成像光谱技术,之所以将其称之为"时间调制"干涉成像光谱仪,是因为它的干涉图

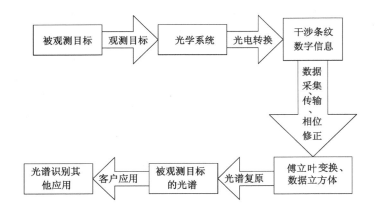

图 2.11　干涉成像光谱技术原理流程图

是随着时间的变化而被采集的。如图 2.12 所示,时间调制型成像光谱仪由望远镜、狭缝、准直镜、分束镜、动镜、静镜、成像镜和探测器等组成。其以一对精密抛光的平面镜作为动镜和静镜。目标发出的光线通过狭缝、准直镜准直后,平行入射到分束镜上。分束镜由于背面镀有半透半反膜,将入射的光线分为强度均匀的两束光反射和透射,其中反射光经过动镜反射和分束镜透射,透射光经过平面静镜反射和分束镜反射。由于两束光线存在光程差,因此通过成像镜后在探测器上形成干涉图样。

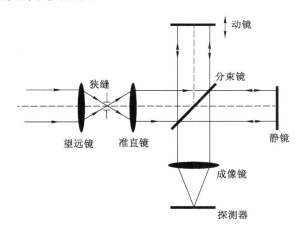

图 2.12　时间调制型干涉成像光谱仪原理图

　　为了克服精密动镜系统带来的技术实现困难,国际上研究者对空间调制干涉成像光谱技术进行了大量研究,三角共路(sagnac)型成像光谱仪是典型的空间调制型成像光谱仪,其原理如图 2.13 所示。三角共路型干涉成像光谱仪由前置望远光学系统、入射狭缝、sagnac 棱镜、分束面、傅立叶透镜、棱面镜和面阵CCD 等组成。通过狭缝射出的光经分束镜分光,分为反射光和透射光,然后再经过静镜和动镜两个反射面及分束面反射或透射后入射到成像镜。由于动镜与静镜之间的不对称,两束光束间存在光程差,最后通过透镜后两光线形成干涉图样。

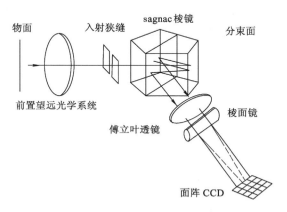

图 2.13　sagnac 型干涉成像光谱仪原理图

（3）滤光片型

滤光片是使某些波长的光高透射而另一些波长的光高反射的元件。基于此原理的滤光片型成像光谱仪有旋转滤光型、楔形滤光型、声光可调谐滤光型等。

旋转滤光片是由一组不同波长的窄带滤光片组成的滤光片轮,通过轮子的转动切换窄带率光谱,获得不同波长下目标图像信息。

楔形滤光片型成像光谱仪使用楔形多层膜介质干涉滤光片作为分光器件。如图2.14 所示,将它放置于面阵探测器前面,器件上每一行像元接收与滤光片透过波长对应的光谱图像信息,整个仪器再通过推扫方式获得整个被测目标的"数据立方体"信息。

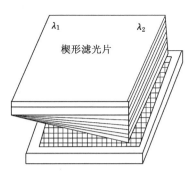

图 2.14　楔形滤光片成像仪

声光可调谐滤光器是利用声光原理制成的分光器件,主要由声光晶体和压电转换器组成。其工作原理是:通过在压电转换器两端加载电压可将电信号转换为超声波,而超声波在声光晶体传播的过程中与入射光波之间产生非线性效应。当满足布拉格衍射条件时,将发生布拉格衍射效应,而且其衍射波长与驱动脉冲频率存在对应关系。声光可调谐滤光器通过改变驱动信号的频率来改变衍射波长,实现滤光效果。

液晶可调谐滤光片由 Lyot 型和 Solc 型滤光片组成,是利用液晶双折射效应制成的分光器件。其原理是:当偏振光通过液晶材料时发生液晶双折射效应,而且两束光发生干涉现象,干涉波长可以通过两束相干光的光程差(相位差)决定,而且液晶材料两端的电压可以控制相位差。最后通过施加不同的电压使不同波长的光发生干涉,实现不同波长的分光。

2.3.3 成像光谱仪的空间成像

(1)摆扫式成像光谱仪

摆扫式成像光谱仪以线阵 CCD 探测器作为接收器件。其工作原理如图 2.15 所示,电机旋转带动一个 45°斜面的反射镜进行 360°旋转,扫描镜在旋转的过程中每次将采集到一个瞬时视场内的信息,将采集到的信息通过光谱仪分光后被线阵 CCD 探测器接收,而接收到的信息为该瞬时视场像元的光谱信息。其中电机旋转水平轴与遥感平台前进方向平行,45°斜面反射镜扫描运动方向与遥感平台前进方向垂直。

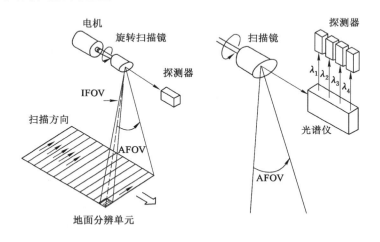

图 2.15　摆扫式成像光谱仪工作原理图

(2)推扫式成像光谱仪

推扫式成像光谱仪采用面阵 CCD 探测器作为接收器件。其工作原理如图

2.16所示,遥感平台通过向前运动完成对被测目标的扫描,即二维空间扫描,在运动的过程中采集到的信息,再通过分光元件(光栅或棱镜)完成光谱维扫描。而面阵CCD探测器上接收的信息一维方向为光谱信息,另一维方向为空间信息。

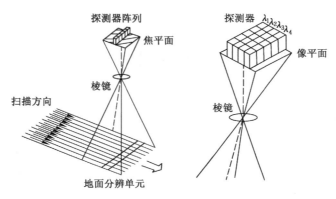

图2.16　推扫式成像光谱仪工作原理图

（3）框幅式成像光谱仪

框幅式成像光谱仪,又称凝视型成像光谱仪,是通过在光学成像系统前放置不同波长带宽的窄带滤波片或可调谐滤波器件,同时实现对不同波段的光谱的滤波,实现光谱图像的采集。随着光谱通道的切换,面阵探测器将获得相应光谱通道下的目标图像信息。

（4）窗扫式成像光谱仪

窗扫式成像光谱仪采用一种全新的空间成像方式,可同时获取二维空间信息与光谱维信息,在面阵探测器获取二维空间信息的同时得到相应的光谱信息,实现图像信息与光谱信息的结合。窗扫式成像光谱仪与框幅式一样,获得所有光谱波段信息的方式是时间调制型,不适用于观测快速变化的目标。

3　典型的光谱数据库及光谱处理方法

矿物类型识别使用的数据源主要包括地表测量数据和卫星遥感数据。地表测量数据主要是矿物的光谱数据，另外还包括植被等部分背景的光谱数据，其来源主要是现有的典型光谱数据库；卫星遥感数据包括航空高光谱遥感数据（以 AVIRIS 数据为例）和卫星高光谱遥感数据（以 Hyperion 数据为例）。数据处理工作主要包括为突出某些特定光谱特征信息而对地物光谱数据的处理，为恢复地表实际的光谱信息而进行的辐射定标、大气校正等数据的处理，此外还包括利用地表测量和遥感处理后的数据进行多类型光谱参数的提取。

3.1　典型的光谱数据库

自然界大部分物质具有反映物质组成和结构信息的典型光谱特征，因此，光谱曲线成为使用遥感技术判别地物类型、获取其物质组成及结构特征的重要手段[77]。矿物的光谱特征主要取决于其成分及结构构造等，因此，光谱特征是利用遥感数据进行矿物类别确定的重要依据。当前，国内外构建了多种矿物光谱数据库，下面主要介绍 JPL、USGS、IGCP-264、JHU 和 ASTER 等 5 个光谱数据库中的典型矿物光谱数据。

3.1.1　JPL 光谱数据库

美国喷气推进实验室（Jet Propulsion Laboratory，JPL）在 1981 年推出基于野外测量的地质光谱数据集，包含以矿物为主的地物光谱数据，并提供测量仪器、测试环境等信息[78]。该实验室在 1990 年率先开发了标准矿物光谱数据库[35,79]。矿物光谱数据采集的波长范围是 $0.4 \sim 2.5\ \mu m$，$0.4 \sim 0.8\ \mu m$ 范围光谱分辨率为 $1\ nm$，$0.8 \sim 2.5\ \mu m$ 范围为 $4\ nm$。按照矿物粒度，分别建立了 3 个光谱库，分别是 JPL1（$45\ \mu m$）、JPL2（$45 \sim 125\ \mu m$）和 JPL3（$125 \sim 500\ \mu m$）。图 3.1 为 JPL 光谱数据库中部分典型矿物的光谱曲线图。

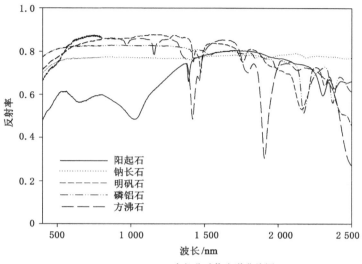

(a) JPL1中部分矿物光谱曲线图

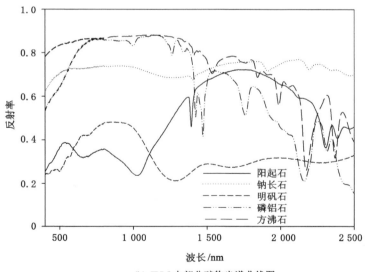

(b) JPL2中部分矿物光谱曲线图

图 3.1 JPL 光谱数据库中部分典型矿物的光谱曲线图

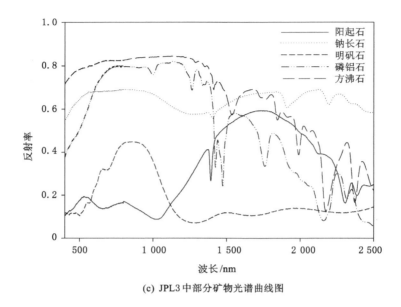

(c) JPL3 中部分矿物光谱曲线图

图 3.1(续)　JPL 光谱数据库中部分典型矿物的光谱曲线图

3.1.2　USGS 光谱数据库

　　USGS(United States geological survey)光谱数据库是在 20 世纪 80 年代后期由美国地质调查局牵头十几个国家开展的国际地质比对计划中,在 JPL 标准光谱数据库的基础上构建的。USGS 对各种主要矿物类型和部分植被类型进行了比较系统的光谱测量,测量中除了采用实验室及野外地面光谱测量方法外,还采用了遥感光谱学的测量方法,即利用高光谱成像方法测量地物目标的光谱特征,并制成了光谱数据库。该光谱数据库由第 1 版发展到目前最新的第 6 版,包括了 444 种矿物和对矿物有指示性的植被及其他材料样品在内的 1 300 条光谱数据。图 3.2 为 USGS 光谱数据库中部分典型矿物的光谱曲线图。

3.1.3　IGCP-264 光谱数据库

　　IGCP(international geoscience programme)-264 光谱数据库是 1990 年由美国基于 IGCP-264 项目建立的,由 5 种光谱仪器采集的光谱数据组成:① 美国科罗拉多大学空间对地研究中心采用 Beckman 5270 双光路反射光谱仪采集

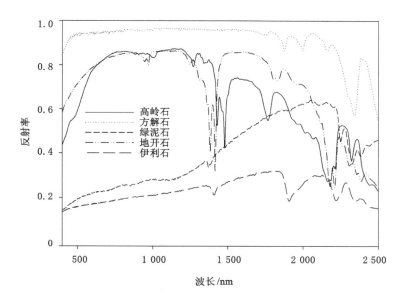

图 3.2 USGS 光谱数据库中部分典型矿物的光谱曲线图

的地物光谱,简称 IGCP-1,测量的光谱分辨率为 3.8 nm,重采样成 1 nm,光谱覆盖范围为 0.7~2.5 μm;② 采用 GER 公司 SIRIS 便携式野外光谱仪测量的地物光谱,简称 IGCP-2,由 350~1 080 nm、1 080~1 800 nm 和 1 800~2 500 nm 三个光栅的光谱组成,光谱覆盖范围为 0.3~2.6 μm,光谱分辨率为 5 nm;③ 在实验室条件下采用 PIMA Ⅱ 野外光谱仪测量的地物光谱,简称 IGCP-3,光谱分辨率约为 2.5 nm,光谱覆盖范围为 0.4~2.5 μm;④ 美国丹佛大学光谱实验室采用 Beckman 光谱仪采集的地物光谱,简称 IGCP-4,光谱分辨率在可见光范围为 0.2 nm,在近红外范围为0.5 nm;⑤ 美国布朗大学采用 Relab 光谱仪测量的地物光谱,简称 IGCP-5,光谱覆盖范围为 1.3~2.5 μm,光谱分辨率为 2.5 nm。图 3.3 为 IGCP-264 光谱数据库中部分典型矿物的光谱曲线图。

3.1.4 JHU 光谱数据库

JHU(Johns Hopkins University)光谱数据库是由约翰斯·霍普金斯大学采用 Beckman 和 Nicolet-FTIR 光谱仪测量的光谱数据集。大多数的光谱覆盖范围为 0.3~15 μm,测量对象包括各种火成岩、沉积岩土壤、矿物、植被以及人工目标等多类物质。图 3.4 为 JHU 光谱数据库中部分典型矿物、地物光谱曲线图。

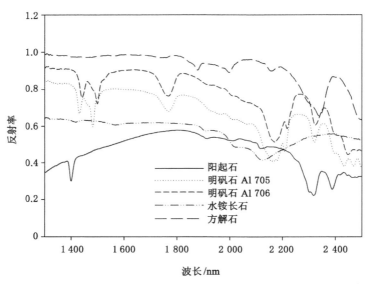

(a) IGCP-1 中部分矿物光谱曲线图

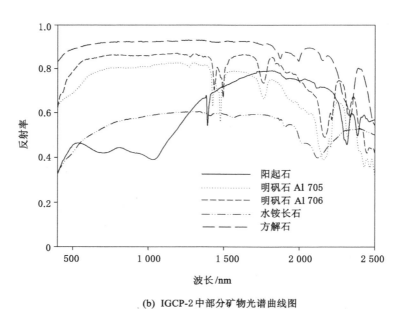

(b) IGCP-2 中部分矿物光谱曲线图

图 3.3　IGCP-264 光谱数据库中部分典型矿物的光谱曲线图

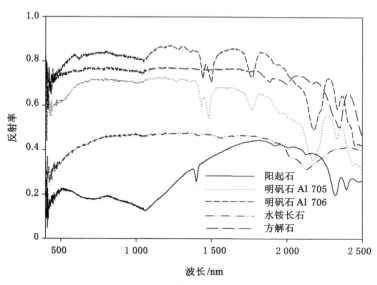

(c) IGCP-3 中部分矿物光谱曲线图

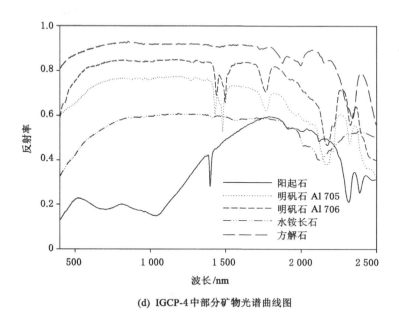

(d) IGCP-4 中部分矿物光谱曲线图

图 3.3(续)　IGCP-264 光谱数据库中部分典型矿物的光谱曲线图

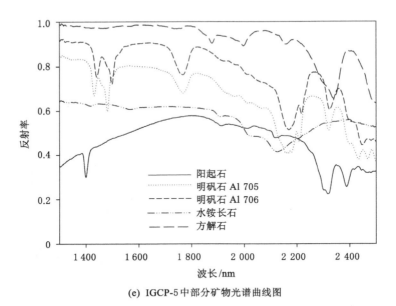

(e) IGCP-5中部分矿物光谱曲线图

图 3.3(续)　IGCP-264 光谱数据库中部分典型矿物的光谱曲线图

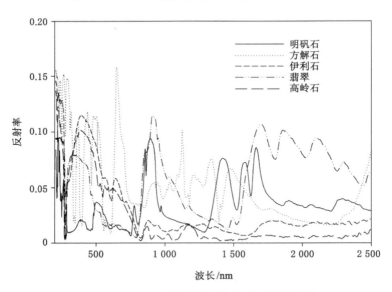

(a) JHU 光谱数据库中部分矿物光谱曲线图

图 3.4　JHU 光谱数据库中部分典型矿物、地物的光谱曲线图

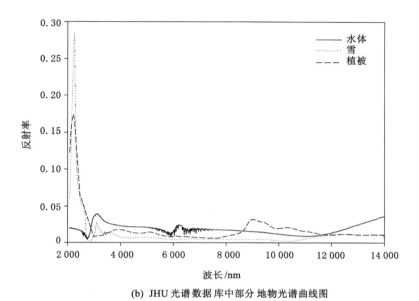

(b) JHU 光谱数据库中部分 地物光谱曲线图

图 3.4（续）　JHU 光谱数据库中部分典型矿物、地物的光谱曲线图

3.1.5　ASTER 光谱数据库

2000 年 5 月，美国加利福尼亚技术研究所在 USGS、JPL、JHU 3 个光谱数据库的基础上建立了 ASTER（advanced spaceborne thermal emission and reflection radiometer）光谱数据库，该光谱数据库还配备了相关的辅助信息，并带有搜索功能，方便用户查询。该光谱数据库汇集了近 2 000 种自然地物和人工目标的光谱数据，其中矿物 1 348 种、岩石类 244 种、土壤 58 种、植被 4 种、冰雪水 9 种、月球类 17 种、陨石类 60 种、人造材料 56 种等，光谱覆盖范围为 0.4～25 μm。可见/近红外波长的光谱采用 Beckman UV 5240 光度计采集，2.08～15 μm 波长的光谱采用 Nicolet-FTIR 光谱仪采集。该光谱数据库将矿物微粒分为 125～500 μm、45～125 μm 和小于 45 μm 三个级别，以便于研究矿物微粒尺度与光谱的关系。

3.2 光谱处理方法

矿物光谱种类和数量较多,很多矿物谱形差别较小,有些矿物的吸收谱线还存在重叠现象,尤其在自然界中矿物光谱还存在着类质同象或同质多象等现象。为更精细地描述光谱特征之间的差异性,提高光谱量化分析的精度,必须对光谱特征的细微变化进行增强,然后对光谱吸收特征及其相关指数进行提取、量化和表征。光谱增强的方法很多,也各有其特点,以下介绍几种光谱增强处理方法。

3.2.1 光谱归一化处理

光谱归一化(spectral normalization)是将每一个像元的反射率值统一到整体平均亮度水平,从而减小亮度差异的处理方法。当图像亮度过于集中、差异较大时,可通过对光谱进行归一化以对影像进行增强处理,改善图像质量。对于高光谱数据,归一化处理是指将光谱反射率值归一化到 $0\sim1$ 之间,是光谱特征分析中一种常用的光谱增强技术。该方法常用来减小或消除反射率变化和坡度变化对光谱的影响,还能够消除系统误差的影响,同时能够将高光谱数据的吸收特征归一化到一致的光谱背景上,突出光谱的吸收反射特征,这有利于与其他光谱曲线进行特征数值的比较,也有利于提取特征波段以供分类识别[80]。

光谱归一化处理主要利用最大值归一化,计算公式如下:

$$R' = \frac{R - R_{\min}}{R_{\max} - R_{\min}} \tag{3.1}$$

式中,R、R' 分别为光谱反射率转换前、后的值;$R_{\max}$、$R_{\min}$ 分别为光谱反射率的最大值和最小值。

以 USGS 光谱数据库中明矾石、方解石、高岭石、蒙脱石及白云母 5 种典型矿物为例,分别对其进行归一化处理,归一化处理前后光谱曲线对比图如图 3.5 所示。可以看出,归一化后的反射率值更能突出光谱曲线的细微变化,谷峰得到很大程度的加深,这有利于与高光谱曲线进行匹配对比,便于进一步利用包络线消除法进行光谱吸收特征的提取。

3.2.2 包络线消除处理

在进行光谱特征位置搜索时,有效的方法是选择其特征吸收波段,通常要先做一个包络线消除(continuum removal)。包络线消除法又称连续统去除

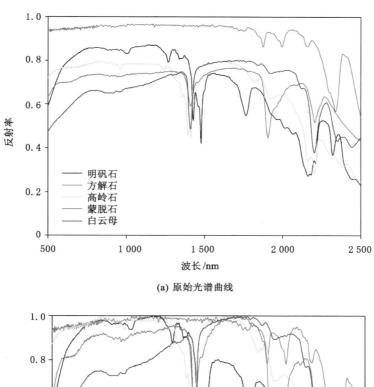

(a) 原始光谱曲线

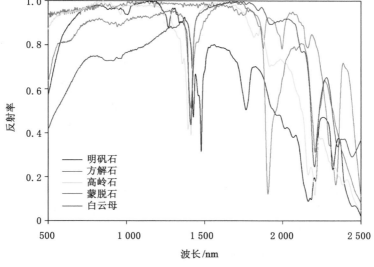

(b) 归一化处理后光谱曲线

图 3.5 典型矿物归一化处理前后光谱曲线对比图

法,是以包络线作为背景,去掉包络线后得到光谱特征吸收带的一种处理方法。具体做法如下:

$$CR_i = \frac{R_i}{RH_i} \qquad (3.2)$$

式中,CR_i、RH_i、R_i 分别表示第 i 波长处去除包络线后的反射率值、包络线外壳曲线值以及原光谱反射率值。包络线是指跟某个曲线族的每条线都至少有一点相切的一条曲线。1984 年,Clark 等将包络线应用于光谱特征分析中,并将其定义为逐点直线连接随波长变化的吸收或反射凸出的"峰"值点的折线,并使折线在"峰"值点上的外角大于 $180°$[81],形成的包络线从直观上看相当于光谱曲线的"外壳(hull)"。

包络线消除法也是高光谱数据光谱增强的一种方法,该方法能够有效去除背景吸收的影响,从而实现分离目标物的吸收特征,进而放大吸收波谷位置和对应的波长信息,突出吸收谷深,增加决定系数,使吸收特征更加容易被识别的目的。

最早由 Clark 提出的包络线提取方法在理想数据状态的情况下效果好,实际上从高光谱影像上和数据库中提取的光谱曲线都是连续的折线,而且由于仪器、光测环境等的影响,很多点是有误差的,实际操作很不理想。经过实验发现有一些包络线上的转折点在曲线上升或下降途中,如果用极值点做限制,提取到的包络线往往是条直线。

用极值点做限制提取包络线的方法其主要思路是通过求导得到光谱曲线上的所有极大值点,以最大值点作为包络线的一个端点,计算该点波长增加的方向各个极大值连线的斜率,以斜率最大点作为包络线的下一个端点,再以此点为起点循环,直到最后一点;以最大值点作为包络线的一个端点,向波长减少的方向进行类似计算,以斜率最小点为下一个端点,再以此点为起点循环,直到曲线上的开始点;沿波长增加方向连接所有端点,形成包络线。这种方法通过组合极值点,减少了两样点的组合数,减少了计算量。但是这种算法没有考虑包络线的开头和结尾,得出的包络线会出现被光谱曲线包裹的现象。

包络线消除法主要实现步骤如下:

第一步,从光谱数据中求出所有的极大值点,把这些极大值点及光谱曲线的第一个点和最后一个点都加入一个数组 m 中。

第二步,求数组 m 中反射率值最大的点,将这些点加入包络线数组 p 中。

第三步,以最大值点作为包络线的一个端点,计算该点波长增加的方向各个极大值连线的斜率,以斜率最大点作为包络线的下一个端点,再以此点为起点循环,直到最后一点,并把符合条件的极大值点都加入数组 p 中。

第四步,以最大值点作为包络线的一个端点,向波长减少的方向进行类似计算,以斜率最小点为包络线的下一个端点,再以此点为起点循环,直到曲线上的开始点,并把符合条件的极大值点都加入数组 n 中。

第五步,对数组 p 按波长 x 值从小到大进行排序,第一个点 p_1 和第二个点 p_2 连接。判断是否有光谱反射率在该直线上方,如果没有就循环到下一个点,如果有,就求出在它们直线上方反射率最大的点 p_k,连接光谱曲线上的第一个点 p_1 与 p_k,再进行循环判断,直到求出所有点的连线位于光谱曲线的上方;符合条件的点都放入数组 n 中。

第六步,将数组 n 中的所有点按大小排序,然后用直线内插法获取包络线曲线。

图 3.6 为明矾石、方解石、高岭石、蒙脱石及白云母 5 种典型矿物包络线消除前后的光谱曲线对比图。对光谱反射率曲线去除包络线后,特征吸收谷明显加深,可对吸收带的中心位置、光谱特征吸收面积和吸收深度等进行计算分析。对于吸收波长波谷位置(P)、吸收反射值(R)、吸收深度(H)、吸收宽度(W)、吸收斜率(K)、吸收对称度(S)及吸收面积(A)等变量,包络线消除处理后更容易计算得出(具体计算详见第 4 章中光谱特征参数解算部分)。

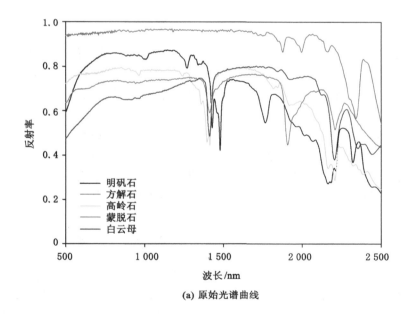

(a) 原始光谱曲线

图 3.6 典型矿物包络线消除前后的光谱曲线对比图

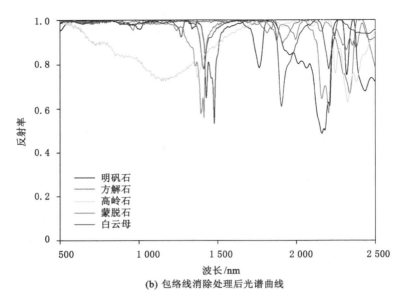

(b) 包络线消除处理后光谱曲线

图 3.6(续)　典型矿物包络线消除前后的光谱曲线对比图

3.2.3　一阶微分处理

光谱微分技术(spectral derivative)是高光谱遥感中另一种常用的光谱增强方法,该方法包括对反射光谱或实测光谱的数学模拟和计算不同阶数的微分值,从而迅速确定最大和最小光谱值以及光谱拐点处的波长位置,突出光谱的吸收和反射特征,以便提取不同矿物的光谱特征参数等。

光谱微分技术能够部分消除大气效应、植被环境背景(如阴影、土壤等)的影响,同时对图像光谱的信噪比非常敏感。光谱微分处理可分为一阶微分处理、二阶微分处理等。一般情况下可以认为,一阶微分处理能够有效去除线性背景、噪音光谱与目标光谱的影响,并且增强光谱曲线在某个波长的吸收和反射特征,突出细微变化[82]。

由于光谱采样间隔的离散性,一阶微分处理可用以下公式计算:

$$R_{FDR}(\lambda_i) = [R_{\lambda(j+1)} - R_{\lambda(j)}]/\Delta\lambda \tag{3.3}$$

式中,$R_{FDR}(\lambda_i)$ 代表波长 i 处(波段 j 和 $j+1$ 的中点)的一阶差分反射率;$R_{\lambda(j)}$ 代表波段 j 的反射率;$R_{\lambda(j+1)}$ 代表波段 $j+1$ 的反射率;$\Delta\lambda$ 代表波段 j 和 $j+1$ 之间的波长差值。

图 3.7 为明矾石、方解石、高岭石、蒙脱石及白云母 5 种典型矿物一阶微分处理前后的光谱曲线对比图。由图 3-7 可以看出,一阶微分处理后的光谱曲线的弯曲点及最大、最小反射率值对应的波长位置较原始光谱曲线变得更加明显突出。

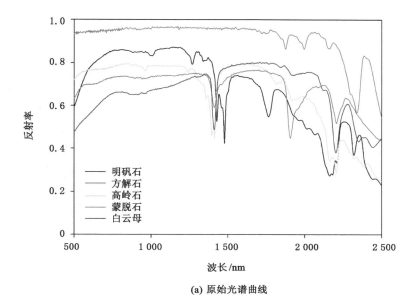

(a) 原始光谱曲线

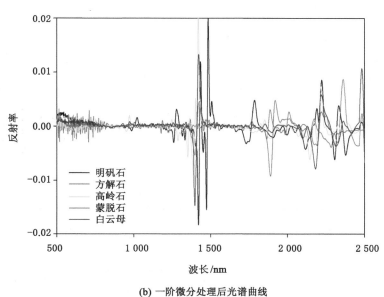

(b) 一阶微分处理后光谱曲线

图 3.7　典型矿物一阶微分处理前后的光谱曲线对比图

3.3 遥感数据光谱重建

3.3.1 航空高光谱 AVIRIS 数据

机载可见/红外成像光谱仪(AVIRIS)是美国喷气推进实验室(JPL)在 NASA 资助下研制的世界第一台覆盖全反射光区域(0.4~2.45 μm)的高光谱成像系统。如表 3.1 所示,AVIRIS 传感器一般搭载在距离地面 20 km 高的 NASA ER-2 飞机上,采用线阵探测器扫描成像技术,总视场角 30°,瞬时视场角 1 mrad,空间分辨率 20 m,光谱覆盖范围 0.4~2.5 μm,共 224 个波段,平均光谱分辨率 10 nm。仪器内分光光谱仪由四个独立的光栅和线阵探测器组合构成,分别覆盖 0.41~0.70 μm、0.68~1.27 μm、1.25~1.86 μm 和 1.84~2.45 μm 波长范围。目前获取的数据主要覆盖北美、欧洲、南美、阿根廷等国家的部分区域。

表 3.1 AVIRIS 传感器参数

传感器	AVIRIS	传感器	AVIRIS
扫描方式	掸扫式	辐射分辨率	16 bits
光谱覆盖范围	0.4~2.5 μm	总视场角	30°
光谱分辨率	10 nm	瞬时视场角	1 mrad
波段数	224	空间分辨率	20 m

在 AVIRIS 数据中,选取覆盖美国内华达州地区的 6 景数据为例,数据整体质量较好,详细介绍如表 3.2 所示。图 3.9 为研究区 AVIRIS 数据真彩色合成影像(由 AVIRIS 数据第 183、193、207 波段合成)。

表 3.2 研究区 AVIRIS 高光谱数据列表

	数据名称	轨道号	获取时间	空间分辨率
内华达州地区 AVIRIS 数据	f060502t01p00r04	p00r04	2006.5.2	3.3 m
	f060502t01p00r05	p00r05	2006.5.2	3.3 m
	f060502t01p00r06	p00r06	2006.5.2	3.4 m
	f060502t01p00r07	p00r07	2006.5.2	3.2 m
	f060920t01p00r05	p00r05	2006.9.20	15.7 m
	f080920t01p00r03	p00r03	2008.9.20	3.3 m

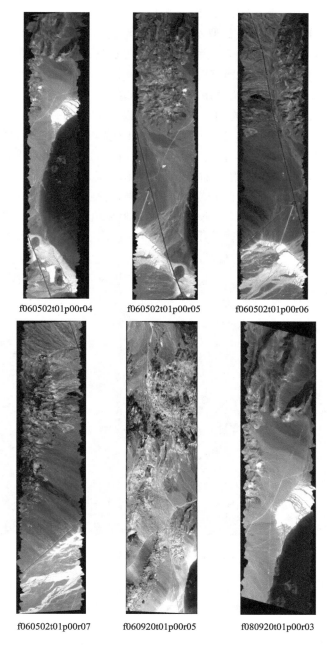

f060502t01p00r04　　f060502t01p00r05　　f060502t01p00r06

f060502t01p00r07　　f060920t01p00r05　　f080920t01p00r03

图 3.9　研究区 AVIRIS 数据真彩色合成影像

内华达州是美国西南部内陆州,是美国气候最干燥的州之一。研究区位于该州内华达山脉的东南坡。侏罗纪末至白垩纪初,由于地壳的剧烈变动、熔岩的喷发,早期内华达山脉形成。大自然的变迁和长期的侵蚀使花岗岩广泛出露,随着地壳的再次抬升以及伴随的断层、掀揄作用,早期内华达山脉形成了自东向西的块状山,即现在高大雄伟的内华达山脉。

内华达山脉巍峨险峻,连绵不断,平均海拔 1 800～3 000 m;4 300 m 以上的山峰有 10 座,其中海拔 4 418 m 的惠特尼山为美国本土的最高峰。内华达山脉山势分布不均,东坡较陡,平直陡峭的断崖耸立在大盆地之上,相对高差达1 500～3 000 m,气候干旱,植被稀疏,以灌木和草类为主。

研究区内岩石大多为花岗岩或近似花岗岩,有变质沉积岩夹层和一些大面积的喷出岩,尤其是塔霍湖以北地区。研究区地质概况如图 3.10 所示。

图 3.10　研究区地质概况

内华达州 Cuprite 矿区(图 3.11),在公路两旁形成了南北向细长的蚀变区,西边区域主要为寒武系的火山岩、冲积层及沉积岩,东边区域主要为火山岩和冲击岩(图 3.12)。

其中,火山岩的蚀变区域广泛,分为泥质蚀变带、硅化蚀变带和蛋白石蚀变带。泥质蚀变带主要包括明矾石、蒙脱石、白云母和高岭石;硅化蚀变带包括石

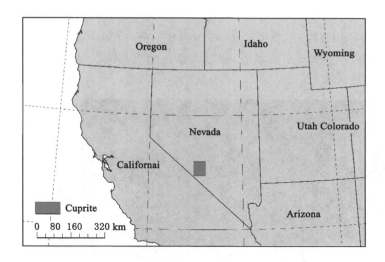

图 3.11　美国内华达州 Cuprite 地区地理位置示意图

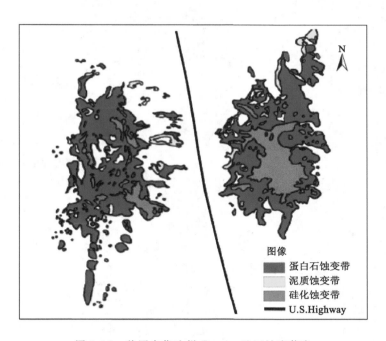

图 3.12　美国内华达州 Cuprite 地区蚀变信息

英、方解石和少量的高岭石；蛋白石蚀变带主要包括蛋白石和高岭石、明矾石等。Cuprite 矿区自 20 世纪 70 年代以来就成为遥感地质识别的典型示范区，目前已对其做了大量研究,并取得了较多成果[6,35,83-91]。如图 3.13 所示,Clark 和 Swayze 利用 USGS 数据库中 1995 年内华达州 Cuprite 的 AVIRIS 数据完成的 Cuprite 矿区 USGS 矿物填图,经过大量地面数据的验证,成为研究 Cuprite 重要的矿物标准数据。

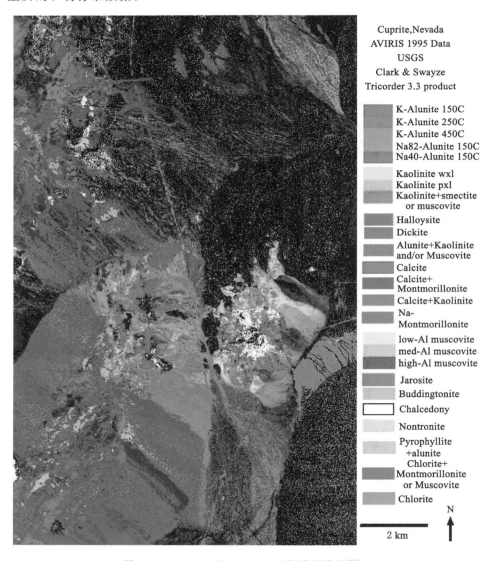

图 3.13　Cuprite 矿区 USGS 矿物填图结果[81]

3.3.2 航天高光谱 Hyperion 数据

Hyperion 传感器搭载于 EO-1 卫星平台,该平台是美国 NASA 面向 21 世纪为接替 Landsat-7 而研制的新型地球观测卫星,于 2000 年 11 月发射升空,其卫星轨道参数与 Landsat-7 卫星轨道参数接近。EO-1 卫星上搭载了三种传感器,其分别是高光谱成像光谱仪 Hyperion、高级陆地成像仪 ALI(advanced land imager)以及大气校正仪 AC(atmospheric corrector)。Hyperion 传感器是第一个星载民用成像光谱仪,采用图谱合一技术,光谱覆盖范围 355～2 577 nm,共有 242 个波段,其中 220 个有效波段,光谱分辨率为 10 nm,空间分辨率为 30 m。一景数据的地面覆盖范围为 7.7 km 长、42 km 宽。Hyperion 传感器参数见表 3.3。

表 3.3　Hyperion 传感器参数

传感器	Hyperion
轨道高度	705 km
轨道倾角	98.7°
重访周期	16 d
光谱范围	355～2 577 nm
波段数	242
空间分辨率	30 m
可见光波段范围	1～70(356～1 058 nm)
短波红外波段范围	71～242(852～2 577 nm)

Hyperion 产品包括 5 个数据集:图像数据(image data)、光谱的中心波长数据(spectral center wavelengths)、光谱带宽数据(spectral bandwidths)、传感器的增益系数数据(gain coefficients)以及标识数据(flag mask)。产品分为两级:Level 0 和 Level 1。

Level 0 是原始数据,仅用来生产 Level 1 产品,用户使用的是 Level 1。

在 Hyperion 数据中选取主要覆盖美国内华达州地区及 Cuprite 矿区的数据,获取时间分别为 2001 年第 204 天和 2011 年第 37 天。图 3.14 为研究区 Hyperion 数据真彩色合成遥感图像。

EO1H0410342001204111P1 EO1H0410342011037110KF

图 3.14 研究区 Hyperion 数据真彩色合成遥感图像

3.3.3 AVIRIS 数据光谱重建

传感器获取的遥感影像像元亮度值（digital number，DN）与地表真实反射率值具有一定的差异，这主要是两个原因导致的：一是传感器仪器本身带来的误差；二是大气（气溶胶和大气分子）吸收和散射的影响，部分被散射的太阳辐射没有经过地表而是直接被传感器接收到，该部分太阳辐射称为程辐射。它增强了传感器接收到的电磁波能量，但不是有用的部分。大气校正是为了消除或减弱大气的散射和吸收对传感器接收到的地表反射和辐射能量的影响[92]。

目前，大气校正的方法主要有基于图像特征的相对校正法、地面线性回归模型法、大气辐射传输模型法三类。基于图像特征的相对校正法不需要进行实际地面光谱及大气环境参数的测量，直接利用图像特征消除大气影响，进行反射率计算。最典型的为暗目标法，即假定待校正影像中存在黑暗像元（如浓密植被）、地表朗伯面反射、大气均一，忽略大气多次散射和邻近像元漫反射作用影响，认为黑暗像元的反射率是大气程辐射的影响，利用黑暗像元计算出大气程辐射，并利用相应的校正模型，得到地表反射率。地面线性回归模型法是假设目标地物的反射率与传感器探测信号之间具有线性关系，通过获取遥感影像上目标地物的辐射值及其成像时地面目标的反射光谱测量值，建立两者的线性回归方程，以此来对整幅影像进行大气校正。该方法物理和数学意义明确，国内外已多次使用该模型成功地进行大气校正。它计算简单，但必须事先测量野外光谱数据，且对地面控制点要求严格。大气辐射传输模型法主要是基于辐射传输模型计算出相关的大气参数，其大气校正算法通常基于查找表法实现。使用辐射传输模型构建大气校正查找表，用以提供在不同观测几何和大气条件下的大气校正系数。该方法计算结果的精度主要取决于大气参数的精度和地表特性假设的准确度。大气参数的随机性和非均匀分布，加大了对大气参数的精确测定与计算的难度，或会产生较大误差。

常用的方法是采用集成在 ENVI 软件中的基于 MOTRAN 大气辐射传输模型的 FLAASH（fast line-of-sight atmospheric analysis of hypercubes）模块进行大气校正。FLAASH 模块可对 TM、SPOT、ASTER、MODIS 等多光谱传感器和 AVIRIS、Hyperion 等高光谱传感器进行精确的大气校正。图 3.15 是利用 FLAASH 模块对 AVIRIS 数据进行大气校正的参数设置。FLAASH 要求输入影像是辐射亮度，存储格式是 BIL 或 BIP，因此大气校正前应对 AVIRIS 原始影像进行辐射定标，生成辐射亮度影像。此外，大气校正需要输入影像的每个波段的中心波长与波段宽度，它们可以通过编辑影像头文件获得。影像中心经纬度、传感器参数、飞行时间等参数在 AVIRIS 数据的头文件中获取。根据研究区地理位置特征与影像获取时间,选择大气模式为中纬度夏季(mid-latitude summer)、气溶胶类型为乡村型(rural),气溶胶反演要求波段覆盖范围 660~2 100 nm,采用 2-band KT 法。水汽反演要求波段覆盖范围为 1 050~1 210 nm、770~870 nm 或 870~1 020 nm,AVIRIS 数据具有合适的波段来补偿水汽影响,应用 1 135 nm 波段进行水汽反演。图 3.16 是 AVIRIS 数据 FLAASH 大气校正前后的光谱曲线对比结果。

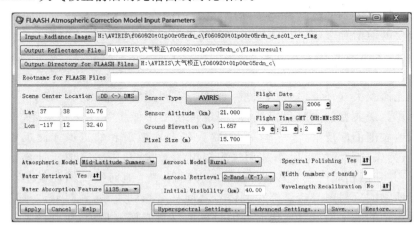

图 3.15　AVIRIS FLAASH 大气校正参数设置

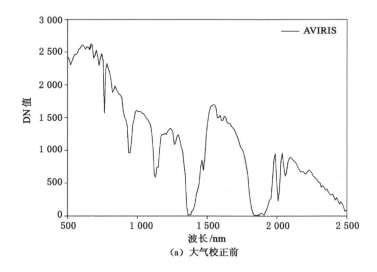

(a) 大气校正前

图 3.16　AVIRIS 数据 FLAASH 大气校正前后的光谱曲线

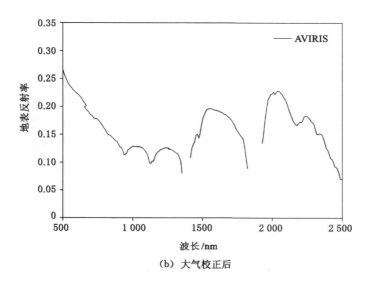

（b）大气校正后

图 3.16（续）　AVIRIS 数据 FLAASH 大气校正前后的光谱曲线

3.3.4　Hyperion 数据光谱重建

（1）绝对辐射亮度值转换

由两部光谱仪获取的数据,其中可见光-近红外（VNIR）波长范围为 400～1 000 nm,其辐射定标比值为 40,即 $R_{VNIR}=DN/40$;短波红外（SWIR）波长范围为 900～2 500 nm,辐射定标比值为 80,即 $R_{VNIR}=DN/80$。

（2）条带去除

受仪器自身特性的影响,在 Hyperion 图像上多数波段会出现不同程度的条纹,尤其是在 SWIR 波段。条纹的像元值一般很小,条纹的存在影响图像的质量及后续的研究应用。由图 3.17 可见,Hyperion 原始图像中很明显分布着许多垂直条纹。因此,Hyperion 影像在应用前必须进行去除条纹预处理。去除垂直条纹的方法有 2 种,分别是均值去条纹法、全值去条纹法[93]。本研究采用全值去条纹法[94]。其基本原理是:设 M_{jk} 为影像第 k 波段第 j 列像元平均值,S_{jk} 为影像第 k 波段第 j 列像元值的标准差,$\overline{M}_{jk}$、$\overline{S}_{jk}$ 为参考影像第 k 波段第 j 列像元平均值和标准差,则影像第 k 波段第 j 列第 i 行的辐射值应校正为:

$$R'_{ijk} = A_{jk} \cdot R_{ijk} + B_{jk} \qquad (3.4)$$

其中:

$$A_{jk} = \overline{S}_{jk}/S_{jk} \tag{3.5}$$

$$B_{jk} = \overline{M}_{jk} - A_{jk} \cdot M_{jk} \tag{3.6}$$

研究中利用整景影像的平均值$\overline{M}_k$和标准差$\overline{S}_k$作为参考图像的平均值和标准差$\overline{M}_{jk}$、$\overline{S}_{jk}$，首先计算影像任意k波段的平均值和标准差，然后利用上述公式进行条纹去除。图3.17是 Hyperion 数据条纹去除前后的对比结果。

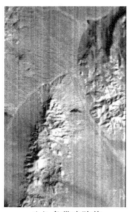 

（a）条带去除前　　　　　　　　　　　（b）条带去除后

图 3.17　Hyperion 数据条带去除前后对比图

（3）光谱平滑

高光谱数据受噪音干扰这一问题已经困扰研究者已久，国内外学者在噪声滤波器方面进行了丰富的研究工作[95,96]。研究表明，即使经过严格的大气校正，由于能量反应谱带的差异，高光谱数据仍有大量的"毛刺"噪声，尤其对 Hyperion 数据，反射率变化非常明显，需要做光谱平滑处理以消除或降低噪声。

采用 Hamming 滤波器对高光谱数据进行光谱平滑，减少噪声的影响，保持高光谱数据的光谱吸收特性。采用 Hamming 函数对光谱数据进行截取，截断函数称为窗函数，简称为窗。Hamming 函数以时间域可表示为：

$$w(k) = 0.54 - 0.46\cos\left(2\pi \cdot \frac{k}{N-1}\right) \quad k = 1,2,\cdots,N \tag{3.7}$$

它的频域特性可表示为：

$$W(\omega) = 0.54 \cdot W_k(\omega) + 0.23\left[W_k\left(\omega - \frac{2\pi}{N-1}\right) + W_k\left(\omega + \frac{2\pi}{N-1}\right)\right]$$
$$k = 1,2,\cdots,N \tag{3.8}$$

式中 N 为窗的长度，$\omega(k)$是第 k 个长度有限的窗，w 为光谱的波长位置，$W_k(\omega)$为第 k 个矩形窗的光谱数据，$W(\omega)$为 Hamming 窗的光谱数据。

4 典型的光谱特征参数及主要应用

4.1 高光谱特征参数的计算

光谱特征参数是使用数学的方法表达光谱曲线在较窄波段范围的光谱突变，该光谱突变通常是对某一地物或地物的某种特殊物质组成的反映。光谱特征参数包括光谱反射特征参数和光谱吸收特征参数。光谱吸收特征参数是定量描述光谱反射曲线的吸收谷的各个参数。高光谱特征参数的计算，通常先对原始影像进行包络线去除（具体方法见 3.2.2 节的介绍），然后再提取诊断性光谱吸收特征参数[81,97-98]。本书使用的光谱特征参数主要包括吸收波谷位置、吸收反射率（R_p）、吸收宽度（W）、吸收对称度（S）、吸收深度（H）、吸收面积（A）、吸收波谷斜率（K）等。

如图 4.1 所示，每一个光谱吸收特征可以由光谱吸收波谷及两个肩部 S_1 和 S_2 组成。各光谱吸收特征参数均使用包络线去除后的光谱进行计算，计算方法如下所述：

（1）吸收波谷位置

吸收波谷位置是指吸收谱带的谷底极小值点所对应的波长，即反射率最低处的波长，可用 λ_p 表示。图 4.2 所示为 USGS 光谱数据库中的明矾石、绿泥石和高岭石三种典型矿物的吸收波谷位置，明矾石的吸收波谷位置为 2 168 nm，绿泥石的为 2 327 nm，高岭石的为 2 207 nm。图 4.3 为 AVIRIS 和 Hyperion 数据的吸收波谷位置参数影像。

（2）吸收反射率

吸收反射率（R_p）是指吸收波谷位置处的反射率值。图 4.4 所示为 USGS 光谱数据库中的明矾石、绿泥石和高岭石三种矿物的吸收反射率。图 4.5 为 AVIRIS 和 Hyperion 数据的吸收反射率影像。

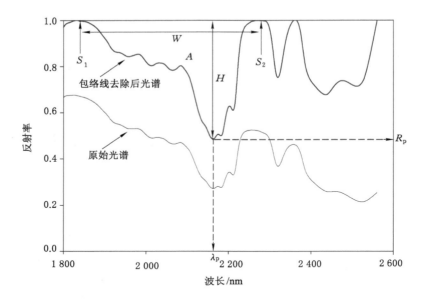

图 4.1　光谱吸收特征参数提取示意图

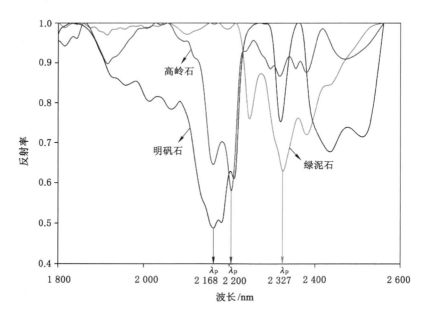

图 4.2　典型矿物吸收波谷位置参数提取示意图

AVIRIS 数据　　　　　　　**Hyperion 数据**

图 4.3　AVIRIS 和 Hyperion 数据吸收波谷位置参数影像

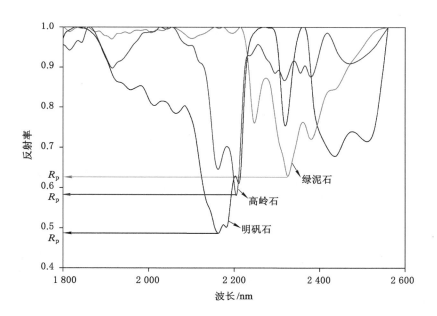

图 4.4　不同矿物吸收反射率参数提取示意图

AVIRIS 数据　　　　**Hyperion 数据**

图 4.5　AVIRIS 和 Hyperion 数据吸收反射率影像

（3）吸收宽度

吸收宽度（W）是吸收谷两侧肩部的光谱带宽（式 4.1），式中 λ_1 和 λ_2 分别为吸收谷起始波长和终止波长。

$$W = \lambda_2 - \lambda_1 \tag{4.1}$$

图 4.6 所示为 USGS 光谱数据库中的明矾石、绿泥石和高岭石三种矿物的吸收宽度。图 4.7 为 AVIRIS 和 Hyperion 数据的吸收宽度影像。

（4）吸收对称度

吸收对称度（S）是指过波谷位置垂线的左右两部分的对称程度，等于左（右）肩部距谷底的波长宽度与吸收宽度之比。图 4.8 为 AVIRIS 和 Hyperion 数据的吸收对称度影像。

$$S = (\lambda_2 - \lambda_p)/W \tag{4.2}$$

（5）吸收深度

吸收深度（H）是指在某一波段吸收范围内，极小值点包络线消除后反射率值 R_p 与 1 之差的绝对值（式 4.3），图 4.9 为明矾石、绿泥石和高岭石三种矿物的吸收深度参数提取示意图，图 4.10 为 AVIRIS 和 Hyperion 数据的吸收深度影像。

$$H = |\, 1 - R_p \,| \tag{4.3}$$

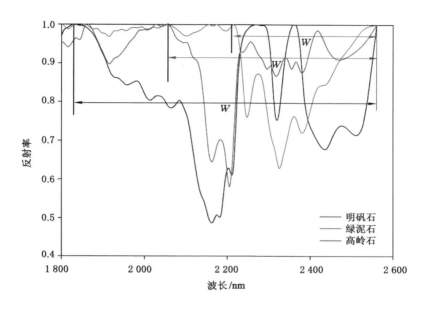

图 4.6　典型矿物吸收宽度参数提取示意图

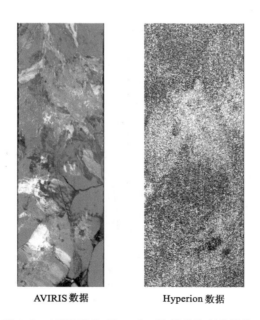

图 4.7　AVIRIS 和 Hyperion 数据吸收宽度影像

AVIRIS 数据　　　　　　Hyperion 数据

图 4.8　AVIRIS 和 Hyperion 数据吸收对称度影像

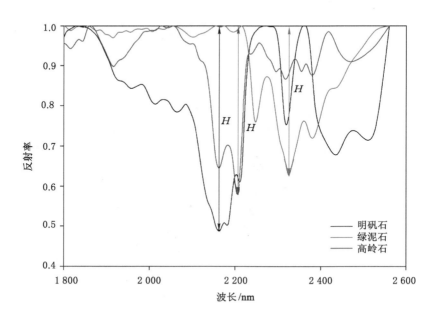

图 4.9　典型矿物吸收深度参数提取示意图

AVIRIS 数据　　　　　　Hyperion 数据

图 4.10　AVIRIS 和 Hyperion 数据吸收深度影像

（6）吸收面积

吸收面积（A）是指吸收带曲线与两侧肩部连线所围图形的面积，是吸收深度一半处吸收峰的宽度与吸收深度的乘积（式 4.4）。图 4.11 为 AVIRIS 和 Hyperion 数据的吸收面积影像。

$$A = W \cdot H/2 \tag{4.4}$$

（7）吸收波谷斜率

吸收波谷斜率（K）是指连接吸收带两侧肩部直线的斜率角度（式 4.5）。图 4.12 为 AVIRIS 和 Hyperion 数据的吸收波谷斜率影像。

$$K = (R_2 - R_1)/(\lambda_2 - \lambda_1) \tag{4.5}$$

（8）光谱吸收指数

光谱吸收指数 R_{SAI} 是指"非吸收基线（谱带两肩部的连线）"在谱带的波长位置处的反射强度与谱带谷底的反射强度之比（式 4.6），实际上是谱带深度的另一种度量方式，可称为"相对吸收深度"，它用谱带谷底的光谱强度对吸收深度作归一化，因而减少了照度等变化所带来的干扰，增强了对地物的区分能力。图 4.13 为 AVIRIS 和 Hyperion 数据的光谱吸收指数影像。

$$R_{SAI} = [W \cdot R_1 + (1 - W) \cdot R_2]/R_p \tag{4.6}$$

AVIRIS 数据   Hyperion 数据

图 4.11   AVIRIS 和 Hyperion 数据吸收面积影像

AVIRIS 数据   Hyperion 数据

图 4.12   AVIRIS 和 Hyperion 数据吸收波谷斜率影像

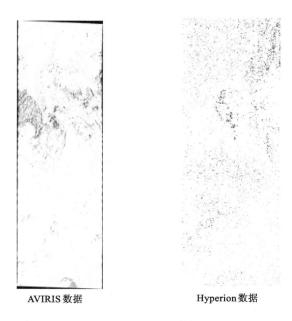

AVIRIS 数据 　　　　　　**Hyperion 数据**

图 4.13　AVIRIS 和 Hyperion 数据吸收指数影像

（9）吸收左肩位置

K_1 表示吸收谱带左侧的起始波段位置，称为吸收左肩位置，其计算方法为：首先取吸收波谷所在的波段位置作为初始值 K_1，后由吸收谱带向左侧逐渐递减，直至满足式（4.7）为止，此时所在的波段位置即为吸收左肩位置，式中 R_{K_1} 为 K_1 波长位置处的反射率。图 4.14 为 AVIRIS 和 Hyperion 数据的吸收左肩位置影像。

$$|1-R_{K_1}|>0\ \&\ |K_1>1| \tag{4.7}$$

（10）吸收右肩位置

K_2 表示吸收谱带右侧的终点波段位置，称为吸收右肩位置。同样，取吸收波谷所在的波段位置作为初始值 K_2，后由吸收谱带向右侧逐渐递增，直至满足式（4.8）为止，式中 N 表示高光谱图像的波段总数，R_{K_2} 为波长位置 K_2 处的反射率。图 4.15 为 AVIRIS 和 Hyperion 数据的吸收右肩位置影像。

$$|1-R_{K_2}|>0\ \&\ |K_2<N| \tag{4.8}$$

以美国内华达州 Cuprite 矿区为研究对象，分别提取覆盖 Cuprite 矿区的 AVIRIS 和 Hyperion 高光谱数据上述 10 个光谱特征参数，使得范围大致保持相同。图 4.16 为 Cuprite 矿区 AVIRIS 和 Hyperion 数据光谱特征参数影像。

AVIRIS数据　　　　　　　　　　Hyperion数据

图 4.14　AVIRIS 和 Hyperion 数据吸收左肩位置影像

AVIRIS 数据　　　　　　　　　　Hyperion数据

图 4.15　AVIRIS 和 Hyperion 数据吸收右肩位置影像

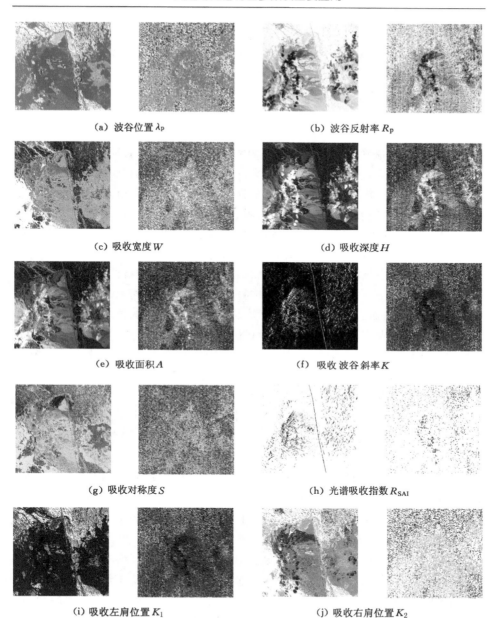

(a) 波谷位置 λ_p　　　　　　　　(b) 波谷反射率 R_p

(c) 吸收宽度 W　　　　　　　　(d) 吸收深度 H

(e) 吸收面积 A　　　　　　　　(f) 吸收波谷斜率 K

(g) 吸收对称度 S　　　　　　　　(h) 光谱吸收指数 R_{SAI}

(i) 吸收左肩位置 K_1　　　　　　　　(j) 吸收右肩位置 K_2

图 4.16　Cuprite 矿区 AVIRIS 数据和
Hyperion 数据光谱特征参数影像

注：图(a)～(j)中左为 AVIRIS 数据，右为 Hyperion 数据

4.2　高光谱特征参数的主要应用

4.2.1　在植被监测方面的应用

（1）植被参量反演

植被参量的精确估算对于生物多样性评价、陆地覆盖表征、生物量建模以及碳通量估算等都具有非常重要的意义，应用遥感技术估测叶片和冠层水平上生化参量的时空变化规律有助于了解植物生产率、凋落物分解速率及营养成分有效性，为资源管理尤其是精准农业实施合理的田间管理提供了理论依据。高光谱遥感获取的连续精细的光谱浓缩了植被冠层结构和生化参量，从而为植被的生理、生化参量的精确估计提供了可能和条件[3]。

常规的植被参量测定是将样本从农田运输到实验室进行测定的，这是一种具有破坏性的方法。植被参量的遥感估算使非破坏性、快速简易地诊断田间营养状况成为可能，而且高光谱遥感技术在大面积监测植物的营养状况和长势方面的应用取得很大进展，成为精准农业的一个重要技术手段。与常规的遥感手段相比，成像光谱仪所获取的地物连续光谱比较真实，提高了植被遥感的精细程度和准确性；基于高光谱分辨率的光谱吸收特征信息提取可以完成部分植被生物化学成分定量填图。例如，植被冠层在 1 660 nm 处的吸收光谱与木质素中富集非饱和 C—O 链有关，而植被冠层中木质素含量多少将直接影响自然界每年氮的矿化量和氮循环状况。目前，利用成像光谱数据反演植被干物质和水分含量已经很精确。

高光谱遥感中植被参量反演可以通过基于光谱吸收特征分析的方法实现，即计算各吸收特征对应的吸收深度和吸收面积，建立它们与植被参量之间的关系。Kokaly 和 Clark 通过对光谱进行去包络线处理，得到光谱吸收特征的归一化吸收深度，利用 1.73 μm、2.1 μm、2.3 μm 的吸收深度对叶片氮、木质素、纤维素进行了回归统计。Curran 等则在此基础上，增加了 0.47 μm、0.67 μm、1.2 μm 三个吸收特征，将该方法推广到叶绿素、淀粉、水分和糖含量。王纪华等在室内条件下测定叶片光谱反射率，利用 1.45 μm 水汽吸收特征的吸收深度、吸收面积及非对称度，对叶片相对含水量进行了回归统计。Tian 在室内条件下测定叶片光谱反射率，将 1.65～1.85 μm 波长间的水汽吸收特征以三个参量表达，即吸收深度、吸收面积及非对称度，对叶片相对含水量进行了回归统计，取得很好的反演效果。

（2）农业的作物估产、精细分类

通过高光谱数据对植被参量的反演，可得到农作物的各类植被指数，这类植被指数反映了作物长势、水肥亏缺状况、组分含量等信息，也是作物估产、精细分类的重要指标。监测农作物生育期内的光谱变化，研究农作物的反射光谱与叶面积指数、地上生物量、色素含量等农学参数之间的关系，可为作物长势遥感监测和遥感估产提供依据。利用基于光谱信息的算法可对同一作物的不同品种、不同健康状况的作物进行精细分类，其依据的是叶绿素浓度、木质素含量、水分含量等方面的光谱差异。

4.2.2 在地质调查方面的应用

由于成像光谱数据具有多个波段和高光谱分辨率的特点，成像光谱技术在岩石矿物类型识别和制图上有着广泛的应用前景。地表各类岩石由于形成的环境不同，在成分、结构上有所差异，它们的光谱特性也不同。如沉积岩随着形成环境氧化、还原条件的不同，其铁离子价态随之变化，Fe^{3+} 在 0.5 μm 和 0.9 μm 波长处有吸收峰，Fe^{2+} 在 1.0 μm 波长处有吸收峰，这种差异为沉积岩的遥感技术识别提供了可能。在实际应用中，各类蚀变矿物往往有很重要的地质指示作用，这在遥感识别和探测方面有着重要的地质意义。

（1）岩层识别模型

岩石矿物的吸收特征可用吸收波长波谷位置（λ_p）、吸收深度（H）、吸收宽度（W）、吸收对称度（S）及吸收面积（A）等光谱吸收特征参数作完整表征。

光谱吸收特征参数尤其是吸收深度与岩石中矿物成分的含量具有定量关系。Mustard 发现矿物中 Fe^{2+} 含量与 0.9 μm、1.03 μm、1.04 μm 和 1.39 μm 4 个吸收面积之间具有线性关系：

$$[Fe^{2+}] = 3.19 \times 10^{-3} A_{0.9} + 1.45 \times 10^{-3} A_{1.03} + 10 \times 10^{-3} A_{1.04} +$$
$$7.20 \times 10^{-3} A_{1.39} - 4.69 \times 10^{-3}$$

式中　A——各波长附近的吸收面积。

Felzer 等研究了铵化长石中 NH_4^+ 浓度与 2.11 μm 波段深度之间的定量关系，即 NH_4^+ 的浓度为：

$$Y = 1\ 472.8 + 48\ 006 H_{2.11}$$

式中　Y——NH_4^+ 的浓度；

　　　$H_{2.11}$——2.11 μm 波段深度。

由上述关系可知，矿物光谱遥感识别主要依赖于光谱吸收特征。根据光谱吸收波长位置（λ）信息可以确定图像像元归属、成分类别以及矿物类型；根据光谱吸收深度（H）信息则可获得图像像元的矿物含量等定量信息；根据光谱吸收宽度(W)信息则可对遥感仪器的光谱分辨率提出需求,需满足波段的光谱间隔($\Delta\lambda < 0.5\ W$)。

（2）矿产填图

研究者利用美国 GERIS 成像光谱仪在新疆阿克苏西部进行了矿物光谱识别、填图研究,完成了阿克苏西部地层和矿区信息的提取。

研究区内沉积相地层出露较好,由西向东依次为寒武奥陶纪灰岩,奥陶纪灰岩、白云岩互层,志留纪砂岩与泥岩,泥盆纪红色泥岩、粉砂岩及砂岩互层,二叠纪灰岩,第三系红色陆源潟湖、湖泊相砾岩、砂岩和粉砂岩。

GERIS 成像光谱仪在 $0.4\sim2.5\ \mu m$ 具有 63 个光谱段,其中在 SWIR 的 $1.9\sim2.5\ \mu m$ 光谱域以 16 nm 的光谱分辨率获得 32 波段连续图像,地面分辨率为 16 m(IFOV＝4.5 mrad),数据动态范围为 16。数据经过像元编码处理、去噪声、辐射纠正和几何粗纠正,获得预处理后的 GERIS 数据。

研究区不同地层成像光谱平均光谱曲线的提取,显示了不同地层岩石矿物光谱存在差异,主要表现在 3 个光谱吸收特征上:二叠纪与寒武奥陶纪灰岩具有 $2.330\ \mu m$ 与 $2.315\ \mu m$ 附近吸收,泥盆纪黏土化岩石具有 $2.176\ \mu m$ 的光谱吸收,而志留纪、泥盆纪和二叠纪砂岩则具有 $2.238\ \mu m$ 的光谱吸收,这些光谱吸收特征构成不同地层岩石矿物的光谱识别基础。

分别计算 GERIS 波段 45、49 与 55 的光谱吸收指数(R_{SAI}),在 R_{SAI45} 图像上可识别黏土矿物下泥盆纪地层和下二叠纪地层分布;在 R_{SAI49} 图像上,可显示志留纪和下泥盆纪地层分布;而在 R_{SAI55} 图像上识别了碳酸盐矿物,显示寒武奥陶纪和上二叠纪的灰岩分布。

通过分别计算 GERIS 波段 53、54 与 55 的光谱吸收指数 R_{SAI},并且比较了这些 R_{SAI} 值之间的变化趋势,发现寒武奥陶纪灰岩(少数例外):

$$R_{SAI53}(2.299\ \mu m) < R_{SAI54}(2.315\ \mu m) < R_{SAI55}(2.330\ \mu m)$$

二叠纪灰岩:

$$R_{SAI53}(2.299\ \mu m) > 或 < R_{SAI54}(2.315\ \mu m) > R_{SAI55}(2.330\ \mu m)$$

根据以上规律建立光谱漂移模式,成功地区分了寒武奥陶纪灰岩和二叠纪灰岩。这种区分是基于矿物成分含量变化形成的细微光谱差异,即光谱吸收波形对称性参量变化。

高光谱最大的优势在于利用有限细分的光谱波段,去再现像元对应地物目标的光谱曲线。光谱对地物化学成分和结构的细微变化非常敏感,这些细微变化常常导致吸收位置和吸收形态的变化,在探究地物化学成分和结构及自然环境细微变化方面具有强大优势。光谱理论分析表明,R_{SAI} 从本质上表达了地物光谱吸收系数的变化特征。R_{SAI} 通过非吸收基线方程和比值处理剔除了非吸收物质的光谱贡献,测度了某一特定波长的相对光谱吸收深度。研究者从 R_{SAI} 图像可以获得矿物的分布与丰度信息。

（3）矿产资源探测

在哈图金矿区,应用航空红外细分光谱仪（FIMS）对矿区岩石进行探测,进行蚀变矿物类型识别填图,完成了对金矿矿区蚀变岩石信息提取。

从 FIMS 图像上提取的不同类型地物光谱相对反射率曲线,充分反映了蚀变矿物的吸收特征。蚀变玄武岩的相对光谱曲线在 $2.29~\mu m$ 有明显的吸收特征,这是由于绿泥石 Mg—OH 分子基团的振动,从而造成了在中心波长 $2.30~\mu m$ 处的强吸收。蚀变凝灰岩的光谱反射率曲线在 $2.175~\mu m$ 波段的波谷,反映了这种岩石中绢云母 Al—OH 分子振动在 $2.208~\mu m$ 处存在强吸收,而戈壁、非蚀变凝灰质砂岩、玄武岩,在此处则无明显吸收特征。

针对哈图金矿区 FIMS 图像,应用两类光谱吸收指数 R_{SAI} 进行矿物吸收鉴别分类。

① $2.175~\mu m$ 吸收的光谱吸收指数 $R_{SAI2.175}$。

吸收波段图像 $M=\text{FIMS}_4$；

吸收的肩部图像 $S_1=\text{FIMS}_3$，$S_2=\text{FIMS}_5$；

吸收宽度 $W=0.14~\mu m$；

吸收对称性 $d=0.85$。

$R_{SAI2.175}$ 主要获取蚀变凝灰岩信息。

② $2.295~\mu m$ 吸收的光谱吸收指数 $R_{SAI2.295}$。

吸收波段图像 $M=\text{FIMS}_5$；

吸收肩部图像 $S_1=\text{FIMS}_4$，$S_2=\text{FIMS}_6$；

吸收宽度 $W=0.215~\mu m$；

吸收对称性 $d=0.44$。

$R_{SAI2.295}$ 主要获取蚀变玄武岩信息。

应用 SAI 技术进行岩石矿物分类,识别了 5 种类型的岩石矿物:蚀变玄武岩、蚀变凝灰岩、凝灰质砂岩、玄武岩、戈壁。矿物分类结果中,蚀变玄武岩沿安齐断裂北东向展布,这是哈图金矿的主要分布区域。蚀变玄武岩的外侧分布着一带状蚀变凝灰岩,在其外侧沿半圆环线分布着非蚀变凝灰岩,这一结果与哈图地区的地质图非常吻合,显示了蚀变矿物的展布与形态,表明了 R_{SAI} 图像对蚀变矿物类型识别的有效性。

4.3 光谱数据库光谱特征参数解算

利用以上介绍的高光谱数据特征参数计算方法,对 USGS 光谱数据库中的典型矿物光谱进行光谱特征参数解算,可得到典型矿物光谱吸收特征参数值。具体详情见表 4.1。

表 4.1 典型矿物光谱吸收特征参数值

矿物编号	波谷位置 /nm	波谷点 反射值	吸收宽度 /nm	波谷 深度	波谷 面积	波谷 斜率	波谷 对称度	波谷 R_{SAI}
明矾石 1	21 68.007	0.535 875	240.009	0.464 125	55.697 08	4.32E-05	0.374 348	−2.778 17
明矾石 2	2 168.007	0.554 353	249.981	0.445 647	55.701 69	3.31E-05	0.399 306	−1.928 92
明矾石 3	2 168.007	0.787 925	209.887	0.212 075	22.255 92	0	0.475 584	1.269 157
明矾石 4	2 168.007	0.659 329	240.009	0.340 671	40.882 12	3.68E-05	0.374 348	−1.700 5
明矾石 5	2 158.012	0.282 489	230.036 1	0.717 511	82.526 67	7.94E-05	0.390 674	−11.339 2
明矾石 6	2 168.007	0.596 77	249.981	0.403 23	50.399 96	2.68E-05	0.399 306	−1.132 94
明矾石 7	2 168.007	0.535 875	240.009	0.464 125	55.697 08	4.32E-05	0.374 348	−2.778 17
明矾石 8	2 168.007	0.554 353	249.981	0.445 647	55.701 69	3.31E-05	0.399 306	−1.928 92
明矾石 9	2 168.007	0.787 925	209.887	0.212 075	22.255 92	0	0.475 584	1.269 157
明矾石 10	2 168.007	0.659 329	240.009	0.340 671	40.882 12	3.68E-05	0.374 348	−1.700 5
明矾石 11	2 158.012	0.282 489	230.036 1	0.717 511	82.526 67	7.94E-05	0.390 674	−11.339 2
明矾石 12	2 168.007	0.596 77	249.981	0.403 23	50.399 96	2.68E-05	0.399 306	−1.132 94
高岭石 1	2 207.962	0.620 957	359.184 1	0.379 043	68.073 05	0	0.582 323	1.610 417
高岭石 2	2 207.962	0.692 61	359.184 1	0.307 39	55.204 76	0	0.582 323	1.443 814
高岭石 3	2 207.962	0.681 911	209.887	0.318 089	33.381 34	0	0.285 22	1.466 466
高岭石 4	2 207.962	0.581 895	199.869 9	0.418 105	41.783 26	0	0.299 515	1.718 522
高岭石 5	2 207.962	0.655 663	379.227 1	0.344 337	65.290 86	0	0.551 546	1.525 173
高岭石 6	2 207.962	0.669 407	199.915	0.330 593	33.045 29	0	0.249 566	1.493 86
高岭石 7	2 207.962	0.652 691	369.204 1	0.347 309	64.113 9	0	0.566 519	1.532 118
高岭石 8	2 207.962	0.642 432	369.204 1	0.357 568	66.007 73	0	0.566 519	1.556 584
蒙脱石 1	2 247.881	0.974 983	239.235 1	0.025 017	2.992 432	0	0.624 348	1.025 659
蒙脱石 2	2 207.962	0.791 647	139.778 8	0.208 353	14.561 64	0	0.499 597	1.263 189
蒙脱石 3	2 217.945	0.804 117	99.818 85	0.195 883	9.776 398	0	0.499 714	1.243 6

表 4.1(续)

矿物编号	波谷位置 /nm	波谷点 反射值	吸收宽度 /nm	波谷 深度	波谷 面积	波谷 斜率	波谷 对称度	波谷 R_{SAI}
蒙脱石 4	2 217.945	0.740 166	109.787 8	0.259 834	14.263 29	0	0.545 141	1.351 048
蒙脱石 5	2 217.945	0.755 958	109.787 8	0.244 042	13.396 44	0	0.545 141	1.322 826
蒙脱石 6	2 207.962	0.760 615	139.778 8	0.239 385	16.730 46	0	0.499 597	1.314 725
蒙脱石 7	2 207.962	0.782 194	139.778 8	0.217 806	15.222 35	0	0.499 597	1.278 456
蒙脱石 8	2 207.962	0.766 548	149.781	0.233 452	17.483 34	0	0.466 234	1.304 55
蒙脱石 9	2 207.962	0.810 348	129.809 8	0.189 652	12.309 37	0	0.461 167	1.234 038
蒙脱石 a	2 217.945	0.816 602	219.856	0.183 398	20.160 53	0	0.272 223	1.224 586
蒙脱石 b	2 217.945	0.802 218	139.747 1	0.197 782	13.819 74	0	0.499 595	1.246 544
白云母 1	2 197.977	0.594 779	209.79	0.405 221	42.505 7	0	0.427 975	1.681 298
白云母 2	2 197.977	0.706 909	209.79	0.293 091	30.743 81	0	0.427 975	1.414 61
白云母 3	2 217.945	0.716 177	338.602 1	0.283 823	48.051 6	0	0.793 474	1.396 304
白云母 4	2 197.977	0.643 92	219.856	0.356 08	39.143 18	0	0.363 046	1.552 989
白云母 5	2 207.962	0.722 166	199.776 9	0.277 834	27.752 38	0	0.399 446	1.384 723
白云母 6	2 207.962	0.681 471	408.645	0.318 529	65.082 62	0	0.681 9	1.467 4 14
白云母 7	2 197.977	0.651 413	199.776 9	0.348 587	34.819 79	0	0.449 426	1.535 124
白云母 8	2 207.962	0.758 498	149.712 2	0.241 502	18.077 93	0	0.599 585	1.318 396
白云母 9	2 207.962	0.708 106	149.745 9	0.291 894	21.854 95	0	0.532 903	1.412 218
白云母 q	2 197.977	0.717 421	199.776 9	0.282 579	28.226 37	0	0.449 426	1.393 882
白云母 b	2 207.962	0.597 871	209.79	0.402 129	42.181 37	0	0.380 381	1.672 603
白云母 c	2 207.962	0.641 321	408.645	0.358 679	73.286 25	0	0.681 9	1.559 282
白云母 d	2 207.962	0.796 924	159.710 9	0.203 076	16.216 76	0	0.562 048	1.254 826
方解石 1	2 337.562	0.673 917	299.319 8	0.326 083	48.801 55	0	0.166 187	1.483 862
方解石 2	2 337.562	0.694 417	309.262	0.305 583	47.252 56	0	0.192 992	1.440 056
方解石 3	2 337.562	0.727 984	289.243 2	0.272 016	39.339 38	0	0.206 349	1.373 657
绿泥石 1	2 327.607	0.657 06	268.671 9	0.342 94	46.069 16	0	0.591 837	1.521 931
绿泥石 2	2 317.649	0.549 317	328.605	0.450 683	74.04 838	0	0.514 198	1.820 443
绿泥石 3	2 327.607	0.601 479	318.609 9	0.398 521	63.486 4	0	0.499 074	1.662 569
绿泥石 4	2 317.649	0.667 617	269.108 2	0.332 383	44.723 43	0	0.369 644	1.497 864
绿泥石 5	2 327.607	0.689 341	249.116	0.310 6 59	38.695 02	0	0.359 335	1.450 66
绿泥石 6	2 327.607	0.801 143	239.124	0.198 857	23.775 7	0	0.374 35	1.248 216
玉髓	2 217.945	0.846 423	249.347 2	0.153 577	19.147 04	0	0.639 334	1.181 443

5　基于光谱反射率匹配的矿物类型识别

基于光谱匹配技术的矿物类型识别是通过将目标光谱与参考矿物光谱进行比较,建立两者的某种相似度测量函数以度量它们之间的相似程度,从而实现对矿物类型识别的方法。参考光谱的获取可以依赖于光谱数据库中的典型矿物标准光谱数据,也可以从图像中提取已知矿物类型的图像光谱。而相似度测量函数通常可采用距离函数、相关系数和信息熵等数学量表达。根据选择的相似度测量函数的不同,可将光谱匹配技术分为最小距离法(spectral minimum distance,SMD)、光谱角匹配法(spectral angle matching,SAM)、光谱相关性法(spectral correlation coefficient,SCC)、光谱相关角法(spectral correlation angle,SCA)、光谱梯度角法(spectral gradient angle,SGA)和光谱信息散度法(spectral information divergence,SID)等。在高光谱遥感数据与参考矿物光谱间进行匹配的过程中,为了凸显矿物光谱特征的相似度和差异性,一般可采用相关的光谱增强技术,例如归一化增强、一阶微分增强和包络线去除增强等,以改善光谱的质量,提高矿物的识别精度。

5.1　最小距离法

最小距离法(SMD)的基本思想是采用高光谱遥感数据的光谱特征和地面实测矿物光谱之间的距离作为相似性测度函数,以此表征光谱差异大小,当这一差异值在一定阈值之内,则认为目标光谱与参考光谱属于同一地物类型[99,100]。图5.1表示利用两个波段进行矿物类型识别的过程。

最小距离匹配技术中,表征距离的相似性测度函数可用下面公式表示:

(1) 明氏距离

$$D(\boldsymbol{A},\boldsymbol{B}) = \sqrt{\sum_{i=1}^{n} |\boldsymbol{A}_i - \boldsymbol{B}_i|^q} \tag{5.1}$$

式中,$\boldsymbol{A}$ 和 $\boldsymbol{B}$ 是 n 维向量,n 是波段数,q 有 1 和 2 两个值。$q=1$ 时的距离是曼

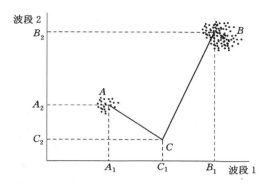

图 5.1　最小距离算法

氏距离；$q=2$ 时的距离是欧氏距离，简称 ED。

（2）马氏距离

$$D_{AB}^2 = (\boldsymbol{A} - \boldsymbol{B})^T \sum\nolimits_{AB}^{-1}(\boldsymbol{A} - \boldsymbol{B}) \tag{5.2}$$

$$\sum\nolimits_{AB} = \begin{bmatrix} \mathrm{cov}(A_1,B_1) & \mathrm{cov}(A_1,B_2) & \cdots & \mathrm{cov}(A_1,B_n) \\ \mathrm{cov}(A_2,B_1) & \mathrm{cov}(A_2,B_2) & \cdots & \mathrm{cov}(A_2,B_n) \\ \vdots & \vdots & & \vdots \\ \mathrm{cov}(A_n,B_1) & \mathrm{cov}(A_n,B_2) & \cdots & \mathrm{cov}(A_n,B_n) \end{bmatrix} (i,j=1,\cdots,n)$$

式中，$\boldsymbol{A}$ 和 $\boldsymbol{B}$ 是 n 维向量，$\sum_{AB}$ 为 $\boldsymbol{AB}$ 的协方差矩阵，$\sum_{AB}^{-1}(\boldsymbol{A}-\boldsymbol{B})$ 是协方差矩阵的逆矩阵。由于地物光谱受光照、地形等因素的影响较大，光谱特征因时间和地域的不同具有较大差异。欧氏距离表征像元光谱与参考光谱集群中心的距离，因此与光谱强度的关系密切，在高维空间中通常作为光谱的相似性测度函数。但欧氏距离对噪声比较敏感，因此在利用欧氏距离匹配识别矿物类型前，还需要对原始影像进行降噪处理。而且由于欧氏距离计算的是光谱值间的差值，该匹配技术只适用于与已知地物类型的像元光谱进行比较。这实际上是监督分类的一种。

利用该匹配算法分别对 Hyperion 和 AVIRIS 高光谱数据的原始光谱和经过归一化、一阶微分和包络线去除增强处理的光谱，进行矿物类型识别实验，结果如图 5.2 和图 5.3 所示。从图中可以看出，对原始光谱和一阶微分处理后的光谱识别效果较差，对归一化和包络线去除增强处理的光谱可以识别出部分矿物类型，但是整体识别精度较低。

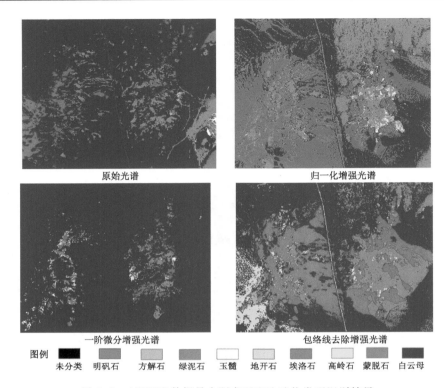

原始光谱			归一化增强光谱
一阶微分增强光谱			包络线去除增强光谱

图例 　未分类　明矾石　方解石　绿泥石　玉髓　地开石　埃洛石　高岭石　蒙脱石　白云母

图 5.2　AVIRIS 数据最小距离匹配法矿物类型识别结果

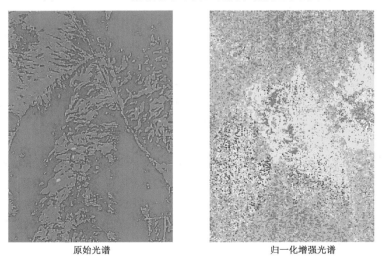

原始光谱　　　　　　　　　归一化增强光谱

图 5.3　Hyperion 数据最小距离匹配法矿物类型识别结果

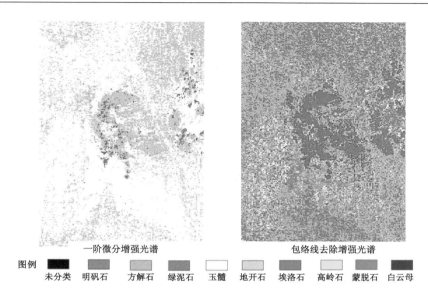

一阶微分增强光谱　　　　　　　　包络线去除增强光谱

图例 ■未分类 ■明矾石 ▨方解石 ▨绿泥石 □玉髓 ▨地开石 ▨埃洛石 ▨高岭石 ▨蒙脱石 ■白云母

图 5.3(续)　　Hyperion 数据最小距离匹配法矿物类型识别结果

5.2　光谱角匹配法

　　光谱角匹配法(SAM)[9]是一种基于光谱曲线整体相似性的算法,其基本思想是将影像 n 个波段的灰度值作为 n 维的向量,然后计算与参考光谱向量间的夹角并将其作为相似性测度函数,以此来衡量它们之间的相似程度,如图 5.4 所示。因光谱角匹配法采用光谱曲线整体相似性的算法,对局部特征的变化表达不明显,因此,该算法对光谱曲线相近的地物类型区分效果较差[10,101]。

　　光谱角的计算公式如下:

$$\cos \alpha = \frac{\boldsymbol{A} \cdot \boldsymbol{B}}{\| \boldsymbol{A} \| \cdot \| \boldsymbol{B} \|} = \frac{\sum_{i=1}^{m} \boldsymbol{A}_i \boldsymbol{B}_i}{\left(\sqrt{\sum_{i=1}^{m} \boldsymbol{A}_i^2} \right) \left(\sqrt{\sum_{i=1}^{m} \boldsymbol{B}_i^2} \right)} \tag{5.3}$$

式中,$\boldsymbol{A}$ 和 $\boldsymbol{B}$ 分别为目标光谱向量和参考光谱向量,α 为光谱角。光谱角余弦值的范围是 $0 \sim 1$。光谱角越小,即余弦值越大,说明该像元的光谱和地物光谱库中的光谱越相似。由式(5.3)可以推出欧氏距离与光谱角之间的关系:

$$D_{\mathrm{ED}} = 2\sin \left(\frac{\alpha}{2} \right) \tag{5.4}$$

式中,D_{ED} 为欧氏距离。

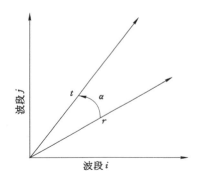

图 5.4　光谱角示意图

因而,光谱角匹配也可以说是一种距离量度匹配。与欧氏距离的不同在于光谱角匹配只考虑了光谱特征的相似性,没有考虑光谱强度因素的影响,因此受光谱照度和地形的影响较弱。相比欧氏距离匹配,光谱角匹配得到了更广泛的应用。图 5.5 和图 5.6 所示为利用该方法对 AVIRIS、Hyperion 数据的原始

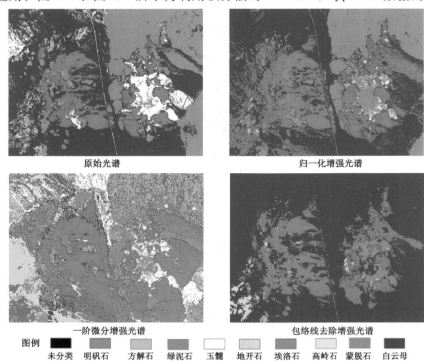

图 5.5　AVIRIS 数据光谱角匹配法矿物类型识别结果

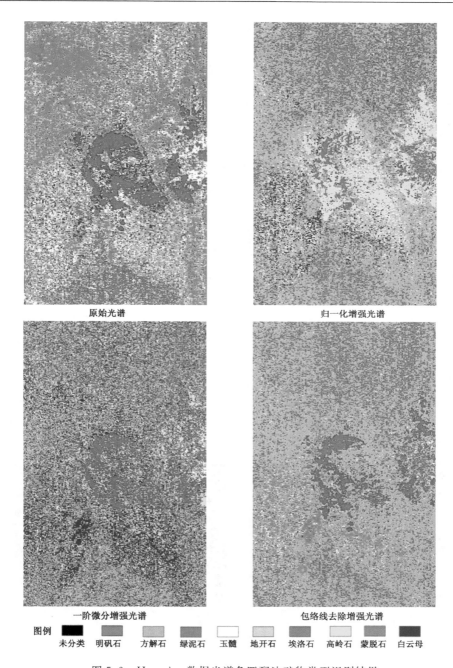

图 5.6 Hyperion 数据光谱角匹配法矿物类型识别结果

光谱及经过归一化、一阶微分和包络线去除增强处理光谱的矿物类型识别结果。从图中可以看出,该匹配技术可以识别出部分矿物类型,尤其对明矾石的识别效果较好。

5.3 光谱相关性法

Carvalho 在 SAM 的基础上对其做了改进,以皮尔森相关系数(Pearson correlation coefficient)代替 SAM 中的光谱角作为相似度测量函数,提出了利用光谱相关性匹配技术来进行矿物类型识别[102]。皮尔森相关系数的计算公式如下所示:

$$R_{AB} = \frac{\sigma_{AB}^2}{\sigma_{AA}\sigma_{BB}} = \frac{\sum (A_i - \overline{A_1})(B_i - \overline{B_1})}{\sqrt{\sum (A_i - \overline{A_1})^2}\sqrt{\sum (B_i - \overline{B_1})^2}} \tag{5.5}$$

式中,A 和 B 分别是目标光谱向量和参考光谱向量,R_{AB} 是相关系数,σ_{AB}^2 为协方差,σ_{AA} 和 σ_{BB} 分别是向量 A 和向量 B 的标准差。

从上式可知,皮尔森相关系数的值域为 $[-1,1]$,并且其值越大,表明两个光谱相似性越大。SCC 可以减少 SAM 中因不能区别正、负相关性带来的误判,有效地抑制了因阴影和光照等外部因素对识别的影响。图 5.7 和图 5.8 所示为利用该方法对 AVIRIS、Hyperion 数据的原始光谱及经过归一化、一阶微分和包络线去除增强处理光谱的矿物类型识别结果。从图中可以看出,经过一阶微分和包络线去除增强后能够识别部分明矾石信息,以及少量的玉髓、绿泥石和方解石,不过整体识别能力较差,且存在大量误判。

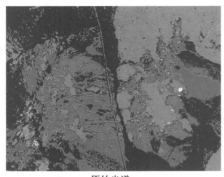
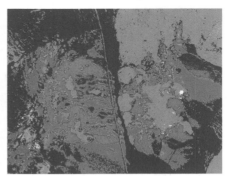

原始光谱　　　　　　　　　　　　　归一化增强光谱

图 5.7　AVIRIS 数据光谱相关性匹配法矿物类型识别结果

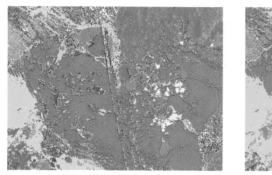

一阶微分增强光谱　　　　　　　　　　包络线去除增强光谱

图例　未分类　明矾石　方解石　绿泥石　玉髓　地开石　埃洛石　高岭石　蒙脱石　白云母

图 5.7(续)　AVIRIS 数据光谱相关性匹配法矿物类型识别结果

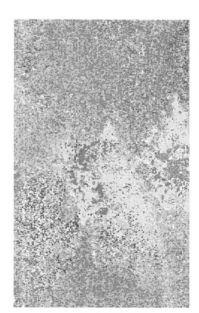

原始光谱　　　　　　　　　　　　　　归一化增强光谱

图 5.8　Hyperion 数据光谱相关性匹配法矿物类型识别结果

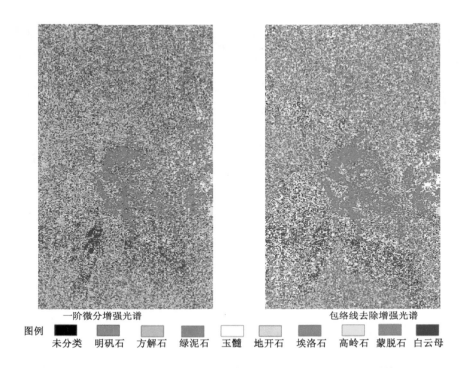

一阶微分增强光谱　　　　　　　　　　　包络线去除增强光谱

图例 ■ 未分类 　■ 明矾石 　■ 方解石 　■ 绿泥石 　□ 玉髓 　■ 地开石 　■ 埃洛石 　■ 高岭石 　■ 蒙脱石 　■ 白云母

图 5.8(续)　Hyperion 数据光谱相关性匹配法矿物类型识别结果

5.4　光谱相关角法

　　光谱相关角法(SCA),其相似度测量函数是相关系数的反三角函数,公式如下:

$$R_{\text{SCA}(A,B)} = \cos^{-1}\left[\frac{R_{\text{SCC}(A,B)} + 1}{2}\right] \tag{5.6}$$

式中,A 和 B 分别是目标光谱向量和参考光谱向量,$R_{\text{SCC}(A,B)}$ 是光谱 A 和 B 的相关系数,$R_{\text{SCA}(A,B)}$ 是光谱相关角。从公式中可以看出,光谱相关角反映各波段灰度值相对于灰度均值的变化情况,但是没有体现出相邻像元的灰度值的变化情况。图 5.9 和图 5.10 所示为利用该方法对 AVIRIS、Hyperion 数据的原始光谱及经过归一化、一阶微分和包络线去除增强处理光谱的矿物类型识别结果。从图中可以看出,对于经过包络线去除增强处理后的光谱,能够有效识别出大部分明矾石、白云母信息及周围一定量明矾石和蒙脱石信息。

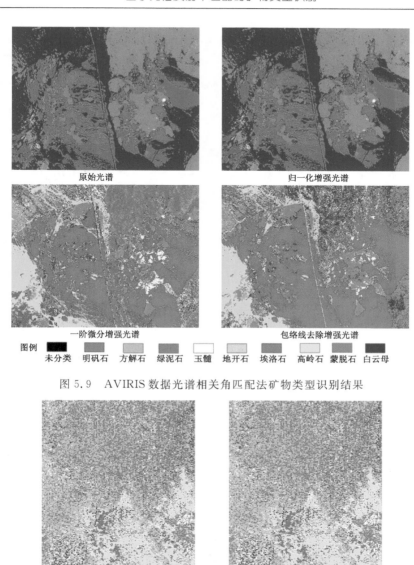

原始光谱   归一化增强光谱

一阶微分增强光谱   包络线去除增强光谱

图例 未分类 明矾石 方解石 绿泥石 玉髓 地开石 埃洛石 高岭石 蒙脱石 白云母

图 5.9 AVIRIS 数据光谱相关角匹配法矿物类型识别结果

原始光谱   归一化增强光谱

图 5.10 Hyperion 数据光谱相关角匹配法矿物类型识别结果

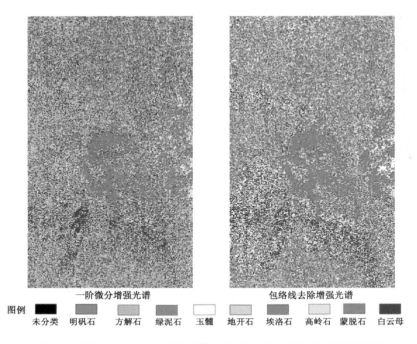

图例 | 未分类 | 明矾石 | 方解石 | 绿泥石 | 玉髓 | 地开石 | 埃洛石 | 高岭石 | 蒙脱石 | 白云母

图 5.10(续)　Hyperion 数据光谱相关角匹配法矿物类型识别结果

5.5　光谱梯度角法

光谱梯度角法(SGA)的基本思想是利用两条光谱的梯度向量的夹角作为相似度测度函数进行相似度匹配[7,8]。对于两条光谱曲线 A 和 B,其梯度向量 $\boldsymbol{R}_{SG(A)}$ 和 $\boldsymbol{R}_{SG(B)}$ 公式为:

$$\boldsymbol{R}_{SG(A)} = (A_2 - A_1, A_3 - A_2, A_4 - A_3, \cdots, A_m - A_{m-1}) \tag{5.7}$$

$$\boldsymbol{R}_{SG(B)} = (B_2 - B_1, B_3 - B_2, B_4 - B_3, \cdots, B_m - B_{m-1}) \tag{5.8}$$

则这两个光谱向量的光谱梯度角为

$$\boldsymbol{R}_{SGA(A,B)} = \cos^{-1}\left(\frac{\langle R_{SG(A)}, R_{SG(B)} \rangle}{|S_{SG(A)}| \cdot |S_{SG(B)}|}\right) \tag{5.9}$$

该方法的优点是能够反映出光谱局部特征变化,尤其是光谱曲线斜率的变化。图 5.11 和图 5.12 所示为利用该方法对 AVIRIS、Hyperion 数据的原始光谱及经过归一化、一阶微分和包络线去除增强处理光谱的矿物类型识别结果。从图中可以看出,该方法能够较好地识别明矾石和部分玉髓信息,对其他矿物识别能力差,误判现象较多。

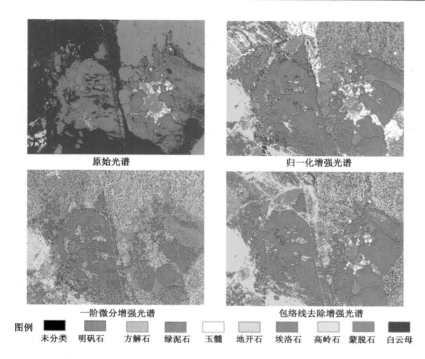

图例　█ 未分类　█ 明矾石　█ 方解石　█ 绿泥石　█ 玉髓　█ 地开石　█ 埃洛石　█ 高岭石　█ 蒙脱石　█ 白云母

图 5.11　AVIRIS 数据光谱梯度角匹配法矿物类型识别结果

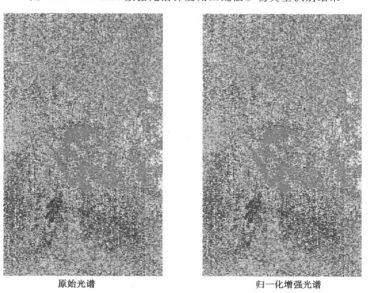

图 5.12　Hyperion 数据光谱梯度角匹配法矿物类型识别结果

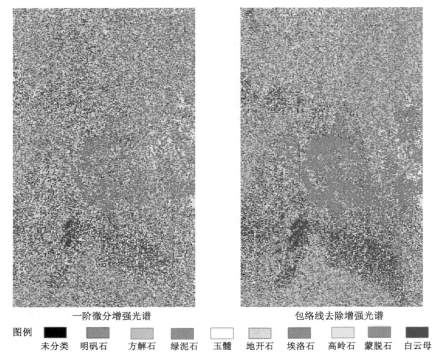

一阶微分增强光谱　　　　　　　　　　　包络线去除增强光谱

图例　■未分类　明矾石　方解石　绿泥石　玉髓　地开石　埃洛石　高岭石　蒙脱石　白云母

图 5.12(续)　Hyperion 数据光谱梯度匹配法矿物类型识别结果

5.6　光谱信息散度法

光谱信息散度法(SID)的基本思想是利用目标光谱和参考光谱的信息熵作为相似度测度函数。该方法是将光谱向量作为随机变量,利用概率统计的理论分析两光谱向量间的相似程度[14,15]。按照信息论的理论,分别定义光谱向量 $\boldsymbol{X}$ 和 $\boldsymbol{Y}$ 的自信息[103]。

$$I(X_i) = -\lg p(X_i) \tag{5.10}$$

$$I(Y_i) = -\lg q(Y_i) \tag{5.11}$$

其中,$p(X_i) = X_i / \sum_{i=1}^{n} X_i$,$q(Y_i) = Y_i / \sum_{i=1}^{n} Y_i$。

光谱向量 $\boldsymbol{X}$ 和 $\boldsymbol{Y}$ 相关熵的公式为:

$$D(\boldsymbol{X} \parallel \boldsymbol{Y}) = \sum_{i=1}^{n} p(X_i) \lg\left[\frac{p(X_i)}{q(Y_i)}\right] \tag{5.12}$$

$$D(\boldsymbol{Y} \parallel \boldsymbol{X}) = \sum_{i=1}^{n} p(Y_i) \lg\left[\frac{p(Y_i)}{q(X_i)}\right] \qquad (5.13)$$

则光谱向量 $\boldsymbol{X}$ 和 $\boldsymbol{Y}$ 的信息散度为

$$R_{\mathrm{SID}(\boldsymbol{X},\boldsymbol{Y})} = D(\boldsymbol{X} \parallel \boldsymbol{Y}) + D(\boldsymbol{Y} \parallel \boldsymbol{X})$$

$$= \sum_{i=1}^{n}\left[p(X_i) - q(Y_i)\right]\lg\left[\frac{p(X_i)}{q(Y_i)}\right] \qquad (5.14)$$

$R_{\mathrm{SID}(\boldsymbol{X},\boldsymbol{Y})}$ 的区间范围为 $[0,1]$，其值越小，说明两个光谱向量的相似程度越高。该方法利用信息论的理论区分两光谱向量的相似性，优点是能够体现出光谱曲线细微部分的变化，但对光谱的细节特征缺乏描述。图 5.13 和图 5.14 所示为利用该方法对 AVIRIS、Hyperion 数据的原始光谱及经过归一化、一阶微分和包络线去除增强处理的光谱矿物类型识别结果。从图中可以看出，该方法能够识别明矾石信息以及少量的玉髓、绿泥石和方解石信息，但对经过一阶微分处理后的光谱数据不能识别出矿物类型，对其他光谱识别效果整体较差，存在较多误判现象。

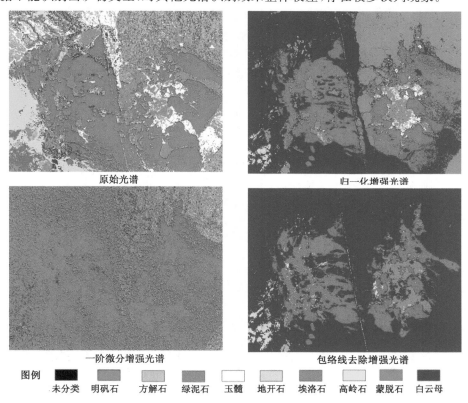

图 5.13　AVIRIS 数据光谱信息散度匹配法矿物类型识别结果

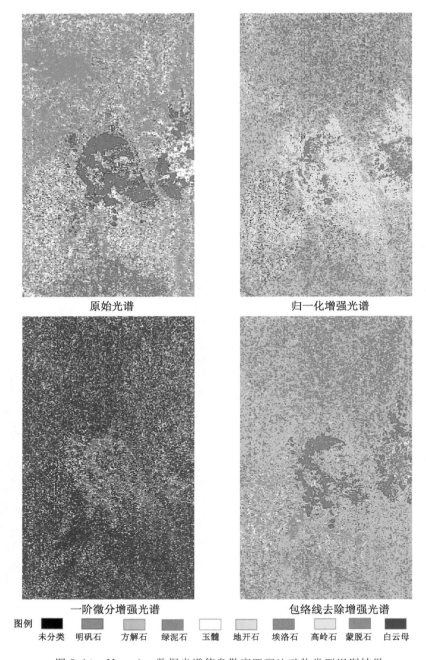

图 5.14 Hyperion 数据光谱信息散度匹配法矿物类型识别结果

6 基于监督分类方法的多光谱特征参数矿物类型识别

6.1 监督分类方法介绍

高光谱图像分类是基于图像像元的光谱与空间特性,对每个像元或比较匀质的像元组中所代表的不同类别地物进行类别属性的确定和标注。高光谱图像中不同地物的差异通过像元的光谱信息及几何空间信息进行表达,因为不同的地物类型,如植被、土壤、岩石和水体等,具有不同的光谱信息或几何空间特征,这是区分不同地物的理论依据。高光谱图像分类通过对图像中各类地物的光谱信息和几何空间信息进行分析,获得可分性最大的特征,再选择适当的分类系统,将各个像元划分到对应的类别属性中[3]。

监督分类又称训练场地法,是在统计识别函数的理论基础上,通过先验训练样本进行分类的技术,是模式识别的一种方法。其基本思想是在对待分类区域有一定先验知识(训练场地)的情况下,以训练区提供的样本来选择特征参数,进而建立判别函数,然后将图像未知类别像元的值代入判别函数,依据判别准则对该样本所属的地物类别进行分类处理,即利用已知地物的信息对未知地物进行分类。在监督分类时,首先选择和识别或者借助其他信息可以断定地物类型的像元建立分类模板(即训练样本),然后让计算机系统基于该模板自动识别具有相同特性的像元。对分类结果进行评价后再对分类模板进行修改,多次反复后建立一个比较准确的模板,而后进行最终分类。因此监督分类可分为以下基本步骤:选择训练样本和提取统计信息,以及选择合适的分类算法。

6.1.1 选择训练样本和提取统计信息

训练样本的选择需要分析者对待分类的图像所在区域有所了解,或进行过初步的野外调查,或研究过有关图件和高精度的航空照片。其最终选择的训练样本应能准确地代表整个区域内每个类别的光谱特征差异。因此,同一类别训练样本必须是均质的,其大小、形状和位置必须能同时在图像和实地容易识别和定位,选择训练样本时还需考虑每一类训练样本的总数量。训练样本的来源可以是:① 实地收集,即通过全球定位系统(GPS)定位、实地记录的样本;② 屏幕选择,利用先验知识直接从图像中提取训练数据。

选择训练样本后,需要计算各类别训练样本的基本光谱特征信息,通过每个样本的基本统计值(如均值、标准方差、最大值、最小值、方差等),检查训练样本的代表性,评价训练样本的好坏,选择合适的波段。评价训练样本的好坏一般有两种方法:① 图表显示,将训练样本的直方图、均值、方差、最大值及最小值绘制成线状、散状等图,目视评价各类别训练样本的分布、离散度和相关性;② 统计测量,利用统计方法来定量衡量训练样本之间的分离度。

6.1.2　选择合适的分类算法

在监督分类中可以采用许多不同的算法,将一个未知类别的像元划分到一个类别中。分类算法多种多样,对于不同传感器、不同时相、不同分辨率等具体的分类问题,没有哪一类分类算法能够完美解决。目前比较成熟的分类算法一般是基于统计的分类算法。下面主要介绍常用的几种算法。

（1）平行算法

平行算法又称为盒式决策规则,是根据训练样本的亮度值范围形成一个多维数据空间的一种方法。其他像元的光谱值如果落在训练样本的亮度值所对应的区域,就被划分到其对应的类别中,如图 6.1 所示。

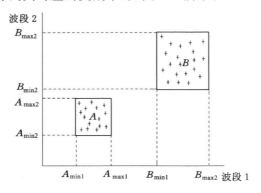

图 6.1　平行算法示意图

图中显示两个类别的训练样本在第 1 波段上的最小值和最大值分别为 A_{min1}、A_{max1}、B_{min1} 和 B_{max1},在第 2 波段上为 A_{min2}、A_{max2}、B_{min2} 和 B_{max2},则由这些值

分别定义的亮度区域为 A 和 B。像元在这两个波段的亮度值如果落在 A,则这个像元就划分为 A 类。这个过程可以扩展到两个以上的波段和类别。

另外,区域 A 和 B 也可以不用其最大值和最小值,而是用其平均值和标准方差。这种算法简明、直接,能将大多数像元划分到一个类别。但是其缺点是当类别较多时,各类别所定义的区域容易重叠。由于存在选择误差,训练样本的亮度范围可能大大低于其实际的亮度范围,从而造成很多像元不属于任何一类。在这种情况下,必须采用其他规则来将这些没有被分类的像元划分到一个类别中。

（2）最小距离法

最小距离法是利用训练样本中各类别在各波段的均值,根据各像元离训练样本平均值距离的大小来决定其类别的一种方法。如图 6.2 所示,在第 1、2 波段的散点图中,类别 A 和 B 训练样本形成了两个类别集群 A 和 B,其在两个波段的均值位于两个集群的中心(A_1,A_2)、(B_1,B_2)。假设有一个像元 C,其光谱亮度值(C_1,C_2),计算其离类别集群 A 和 B 均值(A_1,A_2)、(B_1,B_2)的大小,由于其距离 $AC<BC$,则其划分到类别 A 中。最小距离法在遥感分类中的应用并不广泛,这种算法适用于要识别的每一个类都有一个代表向量（均值向量）的情况。

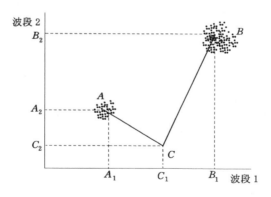

图 6.2　最小距离算法示意图

（3）最大似然法

最大似然法分类也称为贝叶斯（Bayes）分类,是基于图像统计的监督分类法,是典型的和应用最广的监督分类方法。它建立在 Bayes 准则的基础上,偏重于集群分布的统计特性,并假定训练样本数据在光谱空间服从高斯正态分布。

平行算法和最小距离法都没有考虑到各类别在不同波段上的内部方差,以及不同类别其直方图重叠部分的频率分布。假设类别 A 和 B 的均值亮度不同,但其整个亮度分布之间有重叠,在其重叠部分两类的频率是不同的。假设亮度值 C 落在其重叠区,按照平行算法或最小距离法,则 C 很难被归于 A 或 B,除非我们定一个随意的阈值。最大似然法则是采用一个有效的决策规则来决定 C 是更相似于类别 A 或者类别 B。这种算法根据训练样本的均值和方差来评价其他像元和训练类别之间的相似性。

最大似然法可以同时定量地考虑两个以上的波段和类别,是一种广泛应用的分类器。但是这种算法的计算量比前面提到的算法大,同时对不同类别的方差变化比较敏感。其基本的数学公式是基于正态分布的假设。

（4）平行六面体法

平行六面体分类（parallelpiped classification）的基本思想是：通过训练样本亮度值形成一个 n 维平行六面体数据空间,只要像元的光谱值落在平行六面体任何一个训练样本所对应的范围,就会被划分到对应的类别中。具体判断规则为,将每一个待分类的像元按以下分类判断规则对每一个类别中心进行比较判别。公式如下：

$$|x_{ij} - m_{kj}| \leqslant T, \quad 1 \leqslant i \leqslant N, \quad 1 \leqslant k \leqslant c, \quad 1 \leqslant j \leqslant n$$

式中,x_{ij} 为像元的光谱值,m_{kj} 为类别中心的光谱值,T 为判断类别的阈值,N 表示影像大小,c 表示类别数量,n 表示影像波段数。

除了上面提到的算法,还有许多其他算法,包括类似于最小距离法的马氏距离法,基于光谱匹配的光谱角填图法和光谱信息散度法等。

监督分类的主要优点：可根据应用目的和区域,有选择地决定分类类别,避免出现一些不必要的类别;能够控制分类样本的选择;可以根据分类样本来决定训练样本是否被精确分类,从而避免分类中的严重错误;避免了非监督分类中对光谱集群组的重新归类。其缺点是分类系统以及样本选择的人为主观因素较强,分析者定义的类别也许并非图像中存在的自然类别,导致多维数据空间中各类别间并非独一无二,而有重叠;选择的训练样本也可能并不代表图像的真实情形;同一地物光谱差异造成训练样本没有很好的代表性;训练样本的选择和评估花费较大的人力、时间;只能够识别训练样本定义的类别,未知类别不能很好识别。

6.2　多光谱特征参数选择

遥感图像的信息量主要取决于两个因素：一个是图像灰度等级或量化等级的数目,一般用记录灰度或亮度的字位数来量度;另一个是瞬时视场或像元的大小。前者主要影响光谱信息量,而后者主要影响空间信息量。信息的量度可以从两个不同的角度来考虑,一个是由数据的传输和存储量出发,信息量相当于数据量,另一个是由分析和提取有用信息出发,尽量减少冗余的或重复的信息。尤其在高光谱数据中,波段宽度窄的特点决定了其信息冗余度要比多光谱数据大得多,这在高光谱数据最佳波段选择中尤其要考虑这个因素[104]。

从众多的特征参数中,选择最佳的组合,最大效率地为矿物类型识别提供信息是工作的重点。这里利用最佳波段因子(R_{OIF})确定最优的参数组合[105],R_{OIF}计算公式如下所示:

$$R_{OIF} = \frac{\sum_{i=1}^{n} S_i}{\sum_{j=1}^{n} \mathrm{abs}(r_j)} \tag{6.1}$$

式中,S_i表示第i参数的方差,r_j表示两个参数间的相关系数。R_{OIF}值越大,表示该参数组合所含信息量越大,波段间冗余越少,对R_{OIF}进行排序可选出最优参数组合。然而在实际应用中,该方法存在其局限性,R_{OIF}值最高,信息量最大的参数组合未必是最优的,因此,最优参数组合的最终选取还需要参照实际情况选择。

根据第4章图4.16光谱特征中选取参数噪声较小、信息量丰富的波谷反射率R_p、吸收宽度W、吸收深度H、吸收面积A、吸收对称度S及吸收波谷斜率K_2共6个参量进行R_{OIF}计算,如表6.1所示。由表6.1可知吸收宽度W、吸收对称度S和吸收波谷斜率K_2参数组合的R_{OIF}值最大,其次是吸收宽度W、吸收深度H和吸收波谷斜率K_2组合。对这两类参数组合进行假彩色合成影像,结果如图6.3所示。

表 6.1　AVIRIS 光谱特征参数影像 R_{OIF} 计算结果

排名	特征参数 1	特征参数 2	特征参数 3	R_{OIF}
1	W	S	K_2	6 529.205 4
2	W	H	K_2	1 179.317 2
3	W	A	K_2	218.530 7
4	W	H	S	100.110 1
5	W	A	S	78.913 1

对比 Clark 等 Cuprite 矿区的矿物填图结果(图 3.13),W-S-K_2 波段合成包含了丰富的信息量(图 6.3),能够有效突出影像中白云母、明矾石和高岭石矿物

W-S-K_2波段合成 W-H-K_2波段合成

图 6.3   特征参数影像假彩色合成影像

信息,然而对于明矾石信息增强不明显;W-H-K_2波段合成影像中四种矿物信息都能够很好地突出。因此,选择 W-H-K_2 参数组合进行矿物填图实验,利用监督分类方法识别明矾石、高岭石、白云母及蒙脱石 4 种矿物信息。

6.3   基于监督分类方法的矿物类型识别

监督分类方法主要包括平行六面体法、最小距离法、马氏距离法、最大似然法、光谱角填图法及光谱信息散度 6 种常用方法,不同的监督分类方法其分类判定的决策规则各不相同,导致其分类精度具有一定的差异。

在确定好使用的监督分类方案之后,接下来是训练样本的选择,使用遥感目视解译手段从最优光谱特征参数组合假彩色合成影像中,选取能代表地面覆盖或矿物类型的感兴趣区作为训练样本。理论上选择的样本像元应当具有以下两个条件:

① 选择的每一类典型地物类型的所有训练样本中,像元的实际类型应当与该地物类型一致,即某一类中所有训练样本像元应该是同一种地物类型;

② 选择的样本像元应该具有一定的代表性,即训练样本的统计特征与该类型的总体统计特征相同或接近。

各个地物类型的训练样本大致选择完毕后,还需对训练样本进行进一步处理,即训练样本纯化。其目的是剔除训练样本中不符合要求的像元,包括类型不一致的或者是非纯净的像元,使得每一种地物类型的训练样本是由单一类型的纯净像元组成,这里所说的纯净像元是指像元中的地物组成比例与我们所确定的地物类型定义基本一致。

因此,使用 W-H-K_2 最优光谱特征参数合成影像,增强各种矿物类型信息,使用遥感目视解译的手段,从图像中均匀选取明矾石、高岭石、蒙脱石及白云母4类典型矿物的训练样本,图 6.4 为 Cuprite 矿区训练样本分布图。

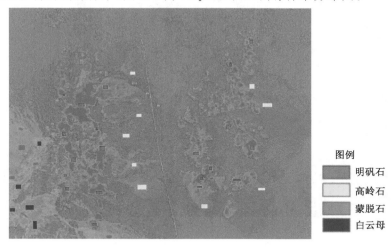

图例

▨ 明矾石

▢ 高岭石

▩ 蒙脱石

▨ 白云母

图 6.4　Cuprite 矿区训练样本分布图

6.3.1　平行六面体法

平行六面体法又叫多级切割法(multi-level slice classifier),是根据设定在各轴上的值域分割多维特征空间的分类方法。该方法根据训练样本的灰度值生成 1 个 N 维平行六面体作为判定边界,对数据像元灰度值进行判别和分类,平行六面体的维数由来自每一种选择类别的平均值的标准差的阈值确定。如果像元值位于 N 个被分类波段的低阈值与高阈值之间,则将它归属到这一类;如果像元值位于多个类别中,将把该像元归并到最后一个匹配的类别中。没有落在平行六面体任何一类中的区域被称为无类别的。

平行六面体法的优点是快捷简单,因为对每一个范本的每一波段与数据文件值进行对比的上下限都是常量。该方法对于一个首次进行的跨度较大的分类比较有用,这一判别规则可以很快缩小分类数,省时省力。其缺点是由于平行六面体有"角",因此在光谱意义上与模板的平均值相差很远的像素也被分类。

利用 W-H-K_2 波段合成影像,使用选取的明矾石、高岭石、蒙脱石及白云母4类矿物训练样本,利用平行六面体法对 Cuprite 矿区进行矿物填图实验,矿物类型识别结果如图 6.5 所示。

由图 6.5 可以看出,与验证数据相比(图 3.13),平行六面体法对 Cuprite 矿

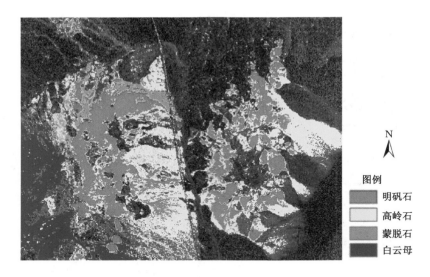

图例
明矾石
高岭石
蒙脱石
白云母

图 6.5　Cuprite 矿区平行六面体法矿物填图结果

区的矿物类型识别效果整体较好,能够有效识别出矿区明矾石、高岭石、白云母和蒙脱石 4 种典型矿物信息,其中对于明矾石、白云母和高岭石的矿物识别效果最好,原因是这几种矿物信息分布相对广泛,光谱特征明显,易于识别;对蒙脱石识别效果相对较差,原因是蒙脱石分布较为分散,且多以混合物形式存在,导致其识别精度较低。

6.3.2　最小距离法

最小距离法是以欧氏距离为基础的,使用每类训练样本的均值矢量与未知像元矢量的距离进行类别判定,并将该像元判定为欧氏距离最小对应的类别。最小距离法的优点是所有像元都参与分类;计算量小,全过程只计算均值,且矩阵计算比较容易,能够节省大量的时间;仅使用均值一个参量,不使用协方差阵,可避免样本数较少导致协方差阵计算不准确,从而产生误差的情况。该方法的缺点是不需要分类的像元仍会参与分类,这一问题可以采用阈值法进行解决,但是没有考虑到类型的变化性,如城市类型的像元差异性较大,可能与样本点均值之间的欧氏距离较大,使用这种判别规则就会导致城市类型像元错分;相反,对于内部变化较小的类型,则会导致在分类过程中,把不属于该类的像元错分为该类。最小距离法的计算公式如下所示:

$$d(x, M_i) = \left[\sum_{k=1}^{n} (x_k - m_{ik})^2 \right]^{1/2} \qquad (6.2)$$

式中 n 表示影像波段数，k 表示某一特征波段，i 表示某一聚类中心，M_i 表示第 i 类样本的均值，m_{ik} 表示第 i 类中心第 k 波段的像元值，$d(x,M_i)$ 表示像元 x 到第 i 类中心 M_i 的距离。

利用 W-H-K_2 波段合成影像，使用选取的明矾石、高岭石、蒙脱石及白云母 4 类矿物训练样本，利用最小距离法对 Cuprite 矿区进行矿物填图实验，矿物类型识别结果如图 6.6 所示。

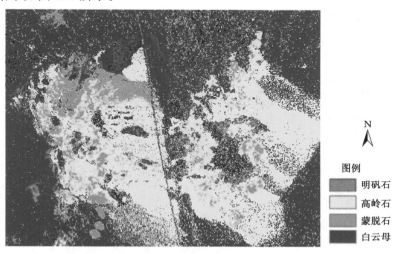

图 6.6　Cuprite 矿区最小距离法矿物填图结果

由图 6.6 可以看出，与验证数据(图 3.13)相比，最小距离法对 Cuprite 矿区的矿物类型识别效果整体较差，误判较多。该方法能够有效识别出矿区高岭石和白云母 2 种典型矿物信息，其中对于高岭石矿物的识别效果最好，原因是高岭石矿物分布广泛，光谱特征明显，易于识别；对于明矾石和蒙脱石两种矿物的识别效果较差，原因是两者光谱特征差异相对较小，且蒙脱石分布较为分散，难以利用两者间的光谱距离进行区分和识别，导致对两种矿物的识别精度较低，误判现象严重。

6.3.3　马氏距离法

马氏距离法(Mahalanobis)假设所有类别的协方差相等，通过计算未知像元与训练样本间的马氏距离，将该像元判定为最小距离对应的类别。马氏距离法与最小距离法比较类似，仅需要将欧氏距离换成马氏距离即可，马氏距离考虑了样本之间相关性的影响，是一种更广义的距离定义。马氏距离计算公式中需要计算方差和协方差，因此，内部变化较大的聚类组将产生内部变化同样大的类，反之亦然。这种方法的优点是，考虑到类型的内部变化，在必须考虑统计指标的场合中要优于最小距离法；缺点是在协方差矩阵中使用较大的值易于导致对模板过度分类，如果在聚类组成训练样本中像元的分布离散程度较高，则协方差矩阵中就会出现大值，计算起来比最小距离法慢[106]。马氏距离的计算公式如下：

$$D = (\boldsymbol{X} - \boldsymbol{M}_C)^{\mathrm{T}}(\mathrm{cov}_C^{-1})(\boldsymbol{X} - \boldsymbol{M}_C) \tag{6.3}$$

式中，D 表示马氏距离，C 表示某一特定类型，$\boldsymbol{X}$ 表示像元的测量向量，$\boldsymbol{M}_C$ 表示类型 C 的模板的平均向量，cov_C 表示类型 C 的模板中像元的协方差矩阵。

利用 W-H-K_2 波段合成影像，使用选取的明矾石、高岭石、蒙脱石及白云母 4 类矿物训练样本，利用马氏距离法对 Cuprite 矿区进行矿物填图实验，矿物类型识别结果如图 6.7 所示。

图 6.7　Cuprite 矿区马氏距离法矿物填图结果

图 6.7 与验证数据（图 3.13）相比，马氏距离法对 Cuprite 矿区的矿物类型识别精度整体较高，与最小距离法相比，矿物识别精度明显提高。该方法能够有效识别出矿区明矾石、高岭石、白云母和蒙脱石 4 种典型矿物信息，对明矾石、白云母和高岭石的矿物识别效果最好，原因是该矿物信息分布相对广泛，地质信息增强明显，与其他矿物差异较大，易于识别；对蒙脱石识别效果相对较差，原因是蒙脱石分布较为零散，与其他矿物伴生生长，导致其识别精度较低，误判较多。

6.3.4　最大似然法

最大似然法以贝叶斯准则为理论基础，假设各类别统计均呈现正态分布，基于各类地物的特定光谱特征,不同地物类别在光谱特征空间中各自集群,分别统计未知像元落入不同集群的概率,并将其判定为概率最大对应的类别。

最大似然法分类的步骤可分为三步:首先确定各类的训练样本,再根据训练样本计算各类的统计特征值,建立分类判别函数,最后逐点扫描影像各像元,将像元特征向量代入判别函数求出其属于各类的概率,将待判断像元归属于判别函数概率最大的一组。

该分类法错误最小,是较好的一种分类方法。不足的是传统的人工采样方法工作量大,效率低,加上人为误差的干扰,使得分类结果的精度较差。利用GIS 数据来辅助最大似然法分类,可以提高分类精度,通过建立知识库指导分类的进行,可以减少分类的错误,这是提高最大似然法分类精度的有效方法。最大似然法的公式为:

$$D = \ln(a_C) - [0.5\ln(\mid \mathrm{cov}_C \mid)] - [0.5(\boldsymbol{x} - \boldsymbol{M}_C)^{\mathrm{T}}(\mathrm{cov}_C^{-1})(\boldsymbol{x} - \boldsymbol{M}_C)] \qquad (6.4)$$

式中,D 表示加权距离,C 表示某一特征类型,$\boldsymbol{x}$ 表示像元的测量向量,m_C 表示类型 C 的样本平均向量,a_C 表示任一像元属于类型 C 的概率,cov_C 表示类型 C 的样本中像元的协方差矩阵。

利用 $W\text{-}H\text{-}K_2$ 波段合成影像,使用选取的明矾石、高岭石、蒙脱石及白云母 4 类矿物训练样本,利用最大似然法对 Cuprite 矿区进行矿物填图实验,矿物类型识别结果如图 6.8 所示。

图 6.8　Cuprite 矿区最大似然法矿物填图结果

图 6.8 与验证数据(图 3.13)相比,最大似然法对 Cuprite 矿区的矿物类型

识别效果整体较好,能够有效识别出矿区明矾石、高岭石、白云母和蒙脱石4种典型矿物信息,4种矿物信息与验证数据中矿物信息分布吻合度较高。其中对明矾石、白云母和高岭石的识别效果最好,原因是这几种矿物分布区域相对较广,易于识别;对蒙脱石的识别效果相对较差,原因是蒙脱石分布较为分散,且多以混合物形式存在,识别精度相对较低。

6.3.5 光谱角填图法

光谱角填图法(spectral angle mapper,SAM)是一种光谱匹配技术,它通过估计像元光谱与样本光谱或者混合像元中端元成分(end member)光谱的相似性来分类。端元成分是混合像元中最纯的类型,它的光谱代表纯地物类光谱,并可以作为分类中的标准光谱。通过光谱分解方法,可以从训练样区中提取出端元成分。光谱角分类法的原理:把光谱作为向量投影到 N 维空间上,其维数为选取的所有波段数。N 维空间中,像元值被看作有方向和长度的向量,不同像元值之间形成的夹角叫光谱角。光谱角分类考虑的是光谱向量的方向而非光谱向量的长度,使用余弦距离作为地物类的相似性测度。光谱角填图的计算原理见 5.2 节。

利用 $W\text{-}H\text{-}K_2$ 波段合成影像,使用选取的明矾石、高岭石、蒙脱石及白云母 4 类矿物训练样本,利用光谱角填图法对 Cuprite 矿区进行矿物填图实验,矿物类型识别结果如图 6.9 所示。

图 6.9　Cuprite 矿区光谱角填图法矿物填图结果

图 6.9 与验证数据(图 3.13)相比,光谱角填图法对 Cuprite 矿区的矿物类型识别效果整体一般,能够识别出矿区中明矾石、高岭石、白云母和蒙脱石 4 种典型矿物信息。其中对白云母和高岭石矿物的识别效果最好,原因是两种矿物信息分布广泛,光谱特征明显,易于识别;对蒙脱石和明矾石矿物的识别效果相对较差,原因是蒙脱石分布较为分散,且多以混合物形式存在,明矾石与高岭石光谱特征较为相似,难以用两者间的光谱角度进行区别,导致其识别精度相对较低。

6.3.6　光谱信息散度法

光谱信息散度法(SID)是通过计算未知像元光谱与训练样本光谱的信息熵来计算其相似性,根据光谱向量的相似程度进行分类的一种方法。具体原理介绍见 5.6 节。

利用 W-H-K_2 波段合成影像,使用选取的明矾石、高岭石、蒙脱石及白云母 4 类矿物训练样本,利用光谱信息散度法对 Cuprite 矿区进行矿物填图实验,矿物类型识别结果如图 6.10 所示。

图 6.10　Cuprite 矿区光谱信息散度法矿物填图结果

图 6.10 与验证数据(图 3.13)相比,光谱信息散度法对 Cuprite 矿区的矿物类型识别效果整体较差,误判、漏判现象比较严重。该方法对白云母矿物的识别效果最好,仅存在少量误判现象,原因是白云母分布较为集中、广泛,易于识别;对明矾石、蒙脱石和高岭石 3 种矿物的识别效果相对较差,仅能识别部分矿

物类型信息,原因是该方法受光谱噪声的影响较为明显,且矿物分布较为分散,多以混合物形式存在,导致整体识别精度相对较低。

综上所述,对比 Clark 等的 Cuprite 矿区的矿物填图结果,可以看出,平行六面体法分类精度最高,矿物类型识别效果最好,最大似然法的分类效果其次,两种方法均能够较好地识别 Cuprite 矿区明矾石、高岭石、白云母和蒙脱石 4 种典型矿物,吻合度较高;光谱角填图法与马氏距离法的分类精度相对较差,矿物类型识别效果一般,该方法能够有效地识别高岭石和白云母,对明矾石、蒙脱石的识别能力较低,且存在部分误判现象;光谱信息散度法与最小距离法的分类精度最低,矿物类型识别效果最差,吻合度较低。

6.4 精度验证与分析

6.4.1 精度验证

使用混淆矩阵对矿物类型识别模型的有效性进行验证,训练样本在 USGS 矿物填图结果上选取,为了能够对矿物填图结果进行定量评价,通过计算 Kappa 系数对矿物填图精度进行一个测量。Kappa 系数的计算公式为:

$$K = \frac{n \sum_{i=1}^{k} n_{ii} - \sum_{i=1}^{k} n_{i+} n_{+i}}{n^2 - \sum_{i=1}^{k} n_{i+} n_{+i}} \tag{6.5}$$

式中,n 表示某一类别中总的样本数,$\sum_{i=1}^{k} n_{ii}$ 表示矩阵对角线之和,n_{i+} 表示样本在分类过程中被分为类别 i 的样本总数,n_{+i} 表示类别 i 中参考类别为 j 的样本数目。

使用混淆矩阵除了可以清楚地显示各类别的包含和丢失误差外,还可以计算出各个类别各种精度测量指标,比如说总体精度(overall accuracy)、生产者精度(producer's accuracy)和用户精度(user's accuracy)。

① 总体精度是指混淆矩阵中主对角线元素之和除以总的采样个数,即正确分类个数除以总采样数;

② 生产者精度是指某类别正确分类个数除以该类的总采样个数(该类的列总和);

③ 用户精度是指正确分类个数除以分为该类的采样个数(该类的行总和)。生产者精度和用户精度均表示某一单类别的精度。

以 AVIRIS 高光谱数据为基准图像,通过选取控制点对 USGS 矿物填图结果进行地图配准,使得两幅影像配准误差在 2 个像元以内,然后分别提取每类矿物类型,同时参照上节文中识别的矿物类型进行类别合并,使用整幅影像提取的各矿物类型作为验证样本,计算混淆矩阵,对分类结果进行精度验证。

(1) 平行六面体法

表 6.2 为平行六面体法矿物填图结果的混淆矩阵和总体精度,平行六面体法的整体矿物类型识别精度即总体精度达到 72.98%,Kappa 系数为 0.621 2,4 类矿物整体识别效果较好。该方法对明矾石和白云母的识别效果最好,生产者精度分别达到 86.64% 和 84.17%;对明矾石和高岭土的识别混淆现象较多,原因是明矾石和高岭石常伴随在一起衍生分布,矿物特征较为相似;对白云母识别效果其次,对蒙脱石的识别效果最差,生产者精度仅为 34.21%,原因是蒙脱石分布较为分散,含量较少,识别难度较大。

表 6.2　平行六面体法矿物填图结果的混淆矩阵和总体精度

混淆矩阵	明矾石	高岭石	白云母	蒙脱石	用户精度/%
明矾石	14 001	5 266	273	162	71.06
高岭石	1 627	12 275	388	1 186	79.32
白云母	30	208	12 134	178	96.69
蒙脱石	488	2 764	800	900	18.17
生产者精度/%	86.64	59.43	84.17	34.21	
总体精度/%	72.98		Kappa 系数		0.621 2

(2) 最小距离法

表 6.3 为最小距离法矿物填图结果的混淆矩阵和总体精度,最小距离法的总体精度为 66.07%,Kappa 系数为 0.490 1。该方法能够有效识别白云母和高岭石矿物,生产者精度分别达到 88.37% 和 79.09%,而对明矾石的识别效果相对较差,多错分为高岭石,原因是明矾石和高岭石常伴随在一起衍生分布,矿物特征相似,仅利用两者之间的光谱距离难以区分;同样,对蒙脱石的识别效果差,生产者精度仅为 14.17%,原因是蒙脱石整体含量较少,且分布分散,识别困难。

表 6.3　最小距离法矿物填图结果的混淆矩阵和总体精度

混淆矩阵	明矾石	高岭石	白云母	蒙脱石	用户精度/%
明矾石	6 474	4 016	1 164	126	54.96
高岭石	9 820	21 266	63	3 553	61.28
白云母	72	1 212	14 238	853	86.95
蒙脱石	19	394	647	748	41.37
生产者精度/%	39.51	79.09	88.37	14.17	
总体精度/%	66.07		Kappa 系数		0.490 1

（3）马氏距离法

表 6.4 为马氏距离法矿物填图结果的混淆矩阵和总体精度，马氏距离法的总体精度为 66.65%，Kappa 系数为 0.541 9。该方法能够有效识别白云母和高岭石矿物，生产者精度分别达到 91.14% 和 69.12%；对蒙脱石的识别能力有明显提高，识别精度达到 56.46%，然而对明矾石的识别效果相对较差，生产者精度为 43.23%，明矾石多错分为高岭石，原因是明矾石和高岭石矿物特征相似，衍生交错分布，难以利用两者之间的光谱距离进行区分，识别能力相对较差。

表 6.4　马氏距离法矿物填图结果的混淆矩阵和总体精度

混淆矩阵	明矾石	高岭石	白云母	蒙脱石	用户精度/%
明矾石	6 900	910	2	26	88.03
高岭石	6 510	11 239	203	418	61.18
白云母	60	471	13 185	435	93.17
蒙脱石	2 490	3 641	1 076	1 140	13.66
生产者精度/%	43.23	69.12	91.14	56.46	
总体精度/%	66.65		Kappa 系数		0.541 9

（4）最大似然法

表 6.5 为最大似然法矿物填图结果的混淆矩阵和总体精度，最大似然法的整体矿物类型识别效果较好，总体精度达到 73.37%，Kappa 系数为 0.617 9。该方法能够有效识别白云母、高岭石和明矾石三类矿物，生产者精度分别达到 91.08%、74.28% 和 62.14%，而对蒙脱石的识别效果相对较差，生产者精度为 36.95%，存在较多误判现象，原因是蒙脱石含量较少，分布分散，在影像中特征

不明显,导致识别困难。

表 6.5　最大似然法矿物填图结果的混淆矩阵和总体精度

混淆矩阵	明矾石	高岭石	白云母	蒙脱石	用户精度/%
明矾石	10 038	1 911	130	49	82.77
高岭石	5 148	15 364	188	1 137	70.86
白云母	35	277	12 799	312	95.35
蒙脱石	932	3 132	936	878	14.94
生产者精度/%	62.14	74.28	91.08	36.95	
总体精度/%	73.37		Kappa 系数		0.617 9

（5）光谱角填图法

表 6.6 为光谱角填图法矿物填图结果的混淆矩阵和总体精度,光谱角填图法的总体精度为 54.82%,Kappa 系数为 0.341 7。该方法能够有效识别高岭石、白云母和蒙脱石三类矿物,生产者精度分别达到 77.11%、74.49% 和 60.41%,而对明矾石的识别效果最差,多错分为高岭石,原因是明矾石和高岭石衍生交错分布,矿物特征相似,仅利用两者之间的光谱角度难以区分,导致识别能力较差。

表 6.6　光谱角填图法矿物填图结果的混淆矩阵和总体精度

混淆矩阵	明矾石	高岭石	白云母	蒙脱石	用户精度/%
明矾石	3 658	254	9	6	93.15
高岭石	8 202	14 321	22	698	61.61
白云母	123	118	3 454	3	93.40
蒙脱石	4 091	3 848	1 141	1 114	10.93
生产者精度/%	22.76	77.11	74.49	60.41	
总体精度/%	54.82		Kappa 系数		0.341 7

（6）光谱信息散度法

表 6.7 为光谱信息散度法矿物填图结果的混淆矩阵和总体精度,光谱信息散度法的整体矿物类型识别效果较差,总体精度仅为 52.19%,Kappa 系数为 0.337 1。该方法对白云母的识别能力最强,生产者精度为 68.36%,而对明矾石、高岭石和蒙脱石生产者精度均低于 50%,分别为 37.24%、41.29% 和 44.70%,错分现象比较严重,识别效果较差。

表 6.7　光谱信息散度法矿物填图结果的混淆矩阵和总体精度

混淆矩阵	明矾石	高岭石	白云母	蒙脱石	用户精度/%
明矾石	3 111	1 525	3 659	1 171	32.86
高岭石	1 692	3 853	286	218	63.70
白云母	2 067	514	10 423	74	79.70
蒙脱石	1 483	3 408	868	1 201	17.26
生产者精度/%	37.24	41.29	68.36	44.70	
总体精度/%	52.19		Kappa 系数		0.337 1

　　综上所述,不同监督分类方法对矿物类型的识别效果具有一定的差异,表 6.8 将不同监督分类方法矿物填图结果混淆矩阵结果进行汇总对比。

表 6.8　监督分类方法矿物填图结果混淆矩阵

	识别精度/%					
	平行六面体法	最小距离法	马氏距离法	最大似然法	光谱角填图法	光谱信息散度法
明矾石	86.64	39.51	43.23	62.14	22.76	37.24
高岭石	59.43	79.09	69.12	74.28	77.11	41.29
白云母	84.17	88.37	91.14	91.08	74.49	68.36
蒙脱石	34.21	14.17	56.46	36.95	60.41	44.70
整体识别精度	72.98	66.07	66.65	73.37	54.28	52.19
Kappa 系数	0.621 2	0.490 1	0.541 9	0.619 7	0.341 7	0.337 1

　　监督分类方法对于白云母的识别效果最好,整体识别精度均高于 60%;其中平行六面体法对明矾石的识别效果最好,识别精度达到 86.64%;最小距离法对白云母的识别能力最强,识别精度达到 88.37%;马氏距离法和最大似然法对白云母的识别效果最好,识别精度分别达到 91.14% 和 91.08%;光谱角填图法对高岭石的识别效果最好,识别精度为 77.11%。

　　整体来看,所有监督分类方法的整体识别精度均高于 50%,其中最大似然法和平行六面体法的矿物类型识别效果最好,整体矿物识别精度分别达到 73.37% 和 72.98%,Kappa 系数分别为 0.619 7 和 0.621 2;马氏距离法和最小距离法的识别精度其次;光谱角填图法和光谱信息散度法的识别效果最差,整体识别精度分别为 54.28% 和 52.19%。

6.4.2 与光谱匹配技术识别结果的精度对比

选取第 5 章中光谱匹配效果较好的基于原始光谱反射率的光谱角匹配法矿物填图结果,与表 6.8 中监督分类方法效果最好的最大似然法矿物填图结果进行对比,结果如图6.11所示。

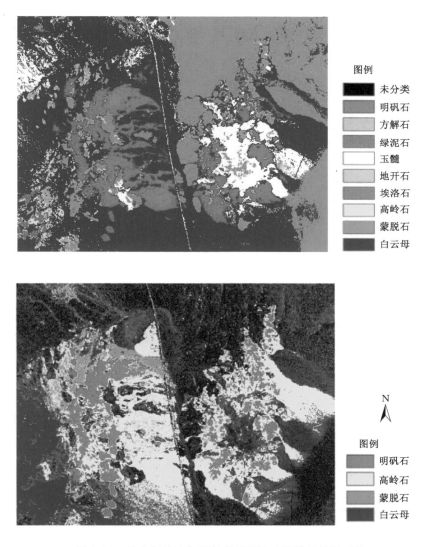

图 6.11　最大似然法与反射率匹配法矿物填图结果对比

　　与最大似然法矿物填图结果相比,基于整条光谱反射率匹配的矿物填图结果整体较差,该方法仅能识别某种特定矿物(明矾石),对其他矿物识别效果整体较差,且误判、漏判现象比较严重。然而,基于光谱特征参数组合的监督分类方法则具有较高的识别精度,能够正确识别 Cuprite 矿区中 4 种典型矿物,且矿物分布与 USGS 矿物填图吻合度较高,整体识别精度能够达到 73.37%,矿物填图效果良好。综上所述,基于监督分类方法的多类型光谱特征参数矿物类型识别的方法要优于光谱反射率匹配方法,识别精度明显较高。

7　基于决策树分类方法的多光谱特征参数矿物类型识别

7.1　决策树分类方法介绍

决策树(decision tree)是通过对样本进行归纳与分析,生成决策树或决策规则,然后使用决策树或决策规则对新数据进行分类的一种数学方法。它是一个树型结构,由一个根节点、一系列内部节点及叶节点组成。每一个节点有一个父节点和两个或者多个子节点,节点间通过分支相连。每个内部节点对应一个非类别属性或属性的集合(也可以称为测试属性),每条边对应该属性的每个可能值,决策树的叶结点对应一个类别属性值,不同的叶节点可以对应相同的类别属性值。每条由根到叶的路径对应着一条规则,规则的条件是这条路径上所有节点属性值的取舍,规则的结论是这条路径上叶节点的类别属性。

决策树算法以代表训练样本的单个节点开始。如果样本都在同一个类,则该节点成为树叶并用该类标记。否则算法使用一种度量标准作为启发信息,选择能够最好地将样本分类的属性,使其成为该节点的测试属性。对测试属性的每一个已知的值,创建一个分支,并据此划分样本。算法使用同样的过程,递归地形成每个划分上的样本子决策树。当出现如下情况之一时递归停止:① 给定节点的所有样本属于同一类;② 没有剩余的属性来进一步划分样本或者分支中没有样本,这时使用多数表决,将给定的节点转换为树叶并用父节点中多数类来标记它。

决策树分类的优点包括以下几个方面:① 不需要分析人员了解很多背景知识,结构清晰,易于理解,实现简单,运行速度快,精确度高;② 不需要假设先验概率分布,当遥感影像数据特征的空间分布很复杂或者源数据各维具有不同的统计分布和尺度时,用决策树分类法能获得理想的分类结果,可以有效地处理大量高维数据和非线性关系;③ 决策树分类的树状分类结构对数据特征空间分布不需要预先假设某种参数化密度分布,所以其总体分类精度优于传统的参数化统计分类方法;④ 能够有效地抑制训练样本噪音等问题,可以解决由于训练样本存在噪声而使分类精度降低的问题。

目前,决策树分类的方法已经应用于遥感影像信息提取中。决策树分类利用多源遥感数据对影像逐级划分,直观清晰且运算效率较高,已经在遥感影像分类中起到重要作用。比如,那晓东等利用决策树分类方法提取了淡水沼泽湿地信息[107,108],何棋胜等利用该方法提取了干旱区盐渍地信息[109],蔡栋等用该方法提取水生植被遥感信息[110],还有一些将其利用于土地利用/土地覆盖的分类[111]。

7.2　决策树矿物类型识别模型

图 7.1 为 USGS 光谱数据库中经包络线去除后的典型矿物 2 000～2 500 nm 范围的光谱曲线,研究区内的矿物主要包含黏土矿物、碳酸盐矿物和硫酸盐矿物。

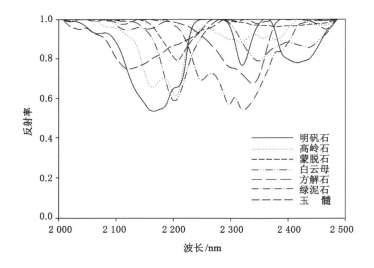

图 7.1　Cuprite 矿区典型矿物地物光谱曲线

对于高岭石、蒙脱石和绿泥石 3 种黏土矿物,光谱曲线较为复杂,高岭石和蒙脱石的吸收带比较接近,分布在 2 200～2 220 nm,绿泥石吸收带在 2 320 nm 附近,其中蒙脱石的吸收深度较低,吸收面积 A 较小;白云母和方解石属于碳酸盐矿物,反射率变化规律与黏土矿物类似,反射率峰值逐渐减小,减小幅度小于黏土矿物,在 2 200 nm 和 2 320 nm 附近有强吸收,其中白云母的吸收面积 A

较大,方解石吸收波谷在 2 300 nm 附近,与其他矿物差别较大,较容易识别;对于明矾石等硫酸盐矿物,其在 2 000～2 500 nm 范围出现多个反射率峰,光谱曲线变化幅度较大,其吸收带分布在 2 150～2 170 nm 附近,波谷反射率 R 较低,光谱吸收指数 R_{SAI} 较小,易于识别;对于矿物玉髓,其反射率在 2 000～2 500 nm 范围内不断增加,光谱变化不稳定,识别难度较大。

　　基于上述矿物光谱分析的结果,可以发现不同的矿物类型其光谱吸收特征参数存在差异,但多种矿物之间的差异性比较复杂,难以通过单一一种光谱吸收特征参数实现有效矿物类型识别,而多种光谱吸收特征参数结合使用,可以提高矿物类型识别的精度,因此,首先对 USGS 光谱库矿物的各类光谱吸收特征参数进行统计与分析,表 7.1 为统计结果。

表 7.1　典型矿物的光谱吸收特征参数值统计

明矾石	最小值	最大值	高岭石	最小值	最大值
λ_p/nm	2 158.012	2 168.007 1	λ_p/nm	2 177.999	2 207.961 9
R	0.282 489 48	0.787 924 71	R	0.477 858 69	0.721 811 35
W/nm	230.036 13	249.980 96	W/nm	179.798 83	468.771 97
H	0.212 075 29	0.717 510 52	H	0.278 188 65	0.522 141 31
A	22.255 92	82.526 673	A	27.820 121	122.382 61
K	0	7.94E-05	K	0	0
S	0.374 348 09	0.399 305 81	S	0.249 566 47	0.65 835 404
R_{SAI}	−11.339 192	1.269 156 8	R_{SAI}	1.385 403 5	2.092 668 8
K_1	1	5	K_1	1	9
K_2	24	26	K_2	23	48
蒙脱石	最小值	最大值	白云母	最小值	最大值
λ_p/nm	2 207.961 9	2 247.881 1	λ_p/nm	2 197.977 1	2 217.945 1
R	0.740 166 25	0.974 983 33	R	0.594 778 66	0.796 923 58
W/nm	99.818 848	239.235 11	W/nm	149.712 16	408.645 02
H	0.025 016 665	0.259 833 75	H	0.203 076 42	0.405 221 34
A	2.992 432 3	20.160 533	A	16.216 763	73.286 254
K	0	0	K	0	0
S	0.272 223 02	0.624 348 02	S	0.363 046 21	0.793 473 86
R_{SAI}	1.025 658 6	1.351 047 8	R_{SAI}	1.254 825 5	1.681 297 7
K_1	5	16	K_1	5	14
K_2	26	39	K_2	27	48

表 7.1(续)

方解石	最小值	最大值	绿泥石	最小值	最大值
λ_p/nm	2 337.562	2 337.562	λ_p/nm	2 317.648 9	2 327.606 9
R	0.673 917	0.727 984 01	R	0.549 316 76	0.801 143 35
W/nm	289.243 16	309.261 96	W/nm	239.124 02	328.604 98
H	0.272 015 99	0.326 083	H	0.198 856 65	0.450 683 24
A	39.339 383	48.801 554	A	23.775 701	74.048 378
K	0	0	K	0	0
S	0.166 186 52	0.206 349 07	S	0.359 335 11	0.591 837 2
R_{SAI}	1.373 656 5	1.483 862 3	R_{SAI}	1.248 216 1	1.820 443 3
K_1	8	10	K_1	14	21
K_2	38	39	K_2	41	48

由表 7.1 可以确定各类矿物不同类型光谱吸收特征参数的覆盖范围,表 7.2 为决策树模型构建阈值对照表,结合矿物多类型的光谱吸收特征参数构建 Cuprite 矿区矿物类型识别决策树模型,然后对 AVIRIS 数据进行最小噪声分离变换(minimum noise fraction,MNF)和纯净像元指数计算(pixel purity index,PPI),利用混合像元分解的方法提取 Hyperion 数据和 AVIRIS 数据各类矿物的纯净端元,提取光谱吸收特征参数影像中纯净端元矿物的各类型特征参数值,进行统计分析,对矿物类型识别模型进行进一步修正,最终得到 Cuprite 矿区的矿物、地物识别决策树模型,如图 7.2 所示。

表 7.2　阈值对照表

阈值名称	阈值	阈值名称	阈值
TH1	2 190	TH10	2 340
TH2	2 180	TH11	0.87
TH3	2 150	TH12	1.1
TH4	2 210	TH13	0.20
TH5	2 220	TH14	10
TH6	2 320	TH15	15
TH7	2 280	TH16	30
TH8	2 260	TH17	0.15
TH9	2 330	TH18	40

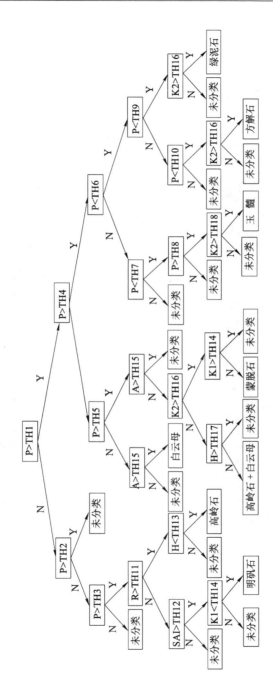

图 7.2 Cuprite 矿区典型矿物、地物识别决策树模型

7.3 基于决策树分类方法的矿物类型识别

7.3.1 AVIRIS 数据矿物填图

如图 7.3 所示,基于第 3 章 3.3.1 节获取的内华达州地区 6 景 AVIRIS 数据 (f060502t01p00r04; f060502t01p00r05; f060502t01p00r06; f060502t01p00r07;

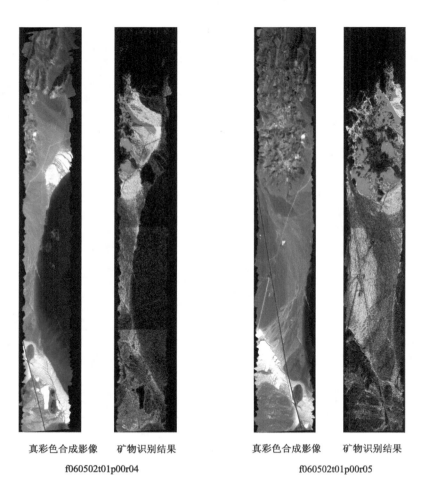

| 真彩色合成影像 | 矿物识别结果 | 真彩色合成影像 | 矿物识别结果 |

f060502t01p00r04   f060502t01p00r05

图 7.3　内华达州 AVIRIS 数据矿物填图结果

f060920t01p00r05；f080920t01p00r03），其中 2006 年 5 月 2 日 4 景，2006 年 9 月 20 日和 2008 年 9 月 20 日 2 景，根据图 7.2 矿物、地物识别决策树模型，对这些数据进行矿物类型识别实验，得出内华达州地区 AVIRIS 数据矿物填图结果。

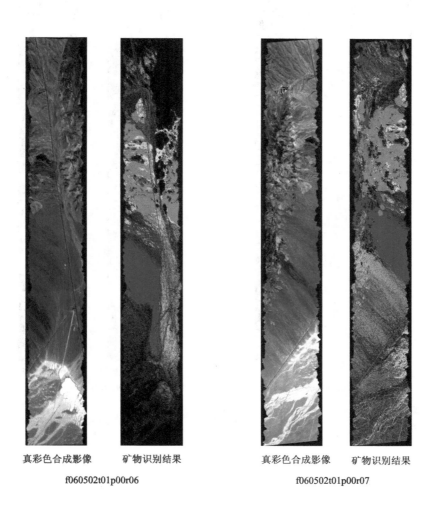

真彩色合成影像　　矿物识别结果　　　　真彩色合成影像　　矿物识别结果

f060502t01p00r06　　　　　　　　　f060502t01p00r07

图 7.3（续）　内华达州 AVIRIS 数据矿物填图结果

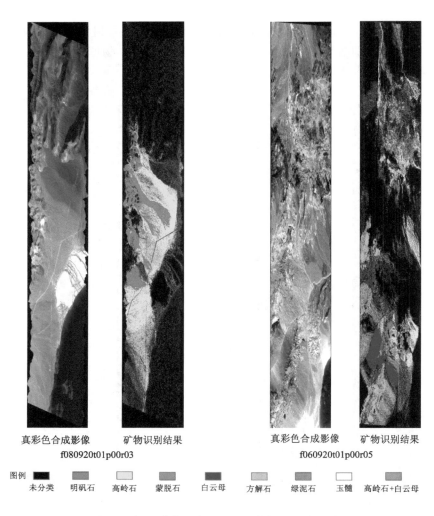

真彩色合成影像　　　矿物识别结果　　　　　　真彩色合成影像　　　矿物识别结果
　f080920t01p00r03　　　　　　　　　　　　　f060920t01p00r05

图例 ■未分类　■明矾石　□高岭石　■蒙脱石　■白云母　　■方解石　■绿泥石　□玉髓　■高岭石+白云母

图 7.3(续)　内华达州 AVIRIS 数据矿物填图结果

7.3.2　Hyperion 数据矿物填图

同时,基于第 3 章 3.3.2 获取的内华达州 Hyperion 数据,其影像名称分别为:E01H0410342001204111P1 和 E01H0410342011037110KF,影像获取时间分别为 2001 年 7 月 23 日和 2011 年 2 月 6 日。然后利用上文提出的矿物、地物识别决策树模型,对 Hyperion 数据进行矿物填图实验,如图 7.4 所示。

真彩色合成影像 矿物识别结果 真彩色合成影像 矿物识别结果

E01H0410342001204111P1   E01H0410342011037110KF

图 7.4 内华达州 Hyperion 数据矿物填图结果

7.4　精度验证与分析

7.4.1　精度分析

基于 Cuprite 地区 2011 年 2 月 6 日 Hyperion 数据和 2006 年 9 月 20 日 AVIRIS 数据,使用构建的矿物类型识别模型开展矿物类型识别实验。图 7.5 所示为矿物类型识别结果,共识别出 8 类矿物类型,其分别是明矾石、高岭石、蒙脱石、白云母、方解石、绿泥石、玉髓及高龄石和白云母混合物。为验证矿物类型的识别精度,使用 Clark 等 1995 年在该区域的矿物填图结果(图 3.13)对研究的识别结果进行了评价。

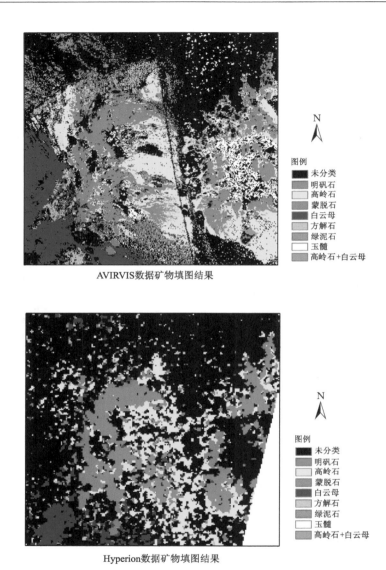

AVIRVIS数据矿物填图结果

Hyperion数据矿物填图结果

图 7.5　Cuprite 矿区高光谱数据矿物填图结果

　　从图 7.5 中可以看出,其矿物类型识别结果和 Clark 等的矿物填图结果在总体上具有较高的吻合度。矿物类型识别模型能较好地识别 Cuprite 矿区 8 类矿物,对明矾石、高岭石、白云母以及高岭石和白云母的混合物识别精度较高。由图 7.5 还可以看出,Cuprite 矿区西边区域主要以明矾石、高岭石、蒙脱石、白云母为主,同时包含少量的方解石和绿泥石;东边区域主要为明矾石、高岭石、玉髓及少量的蒙脱石。Cuprite 矿区中明矾石、高岭石和白云母矿物分布广泛,相对集中;蒙脱石、方解石和绿泥石含量相对较少,分布较为零散。由于噪声的影响,边缘沙漠岩漆区内的零散像元被错分为玉髓,导致对玉髓的识别精度相对较低。

　　以 AVIRIS 数据为基准图像,选取控制点对 Clark 等的矿物填图结果进行地图配准,使得两幅影像配准误差在 2 个像元以内,而后分别提取明矾石、高岭石、白云母等 8 类矿物信息,分别转换为每类矿物验证样本点,再分别提取USGS 矿物填图结果中的明矾石、高岭石、白云母和方解石信息进行专题制图作定量分析和评价;然后分别从 AVIRIS 和 Hyperion 数据的矿物填图结果(图7.5)中分别提取对应的矿物类型分布信息,进行相应专题制图。图 7.6 为矿物填图结果定性对比图,其中左列图为 USGS 矿物填图结果,中间列图为 AVIRIS数据矿物填图结果,右列图为 Hyperion 数据矿物填图结果。

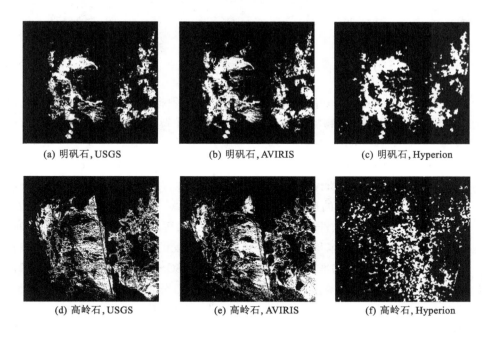

(a) 明矾石,USGS　　　　(b) 明矾石,AVIRIS　　　　(c) 明矾石,Hyperion

(d) 高岭石,USGS　　　　(e) 高岭石,AVIRIS　　　　(f) 高岭石,Hyperion

图 7.6　AVIRIS、Hyperion 数据矿物填图实验结果与 USGS 矿物填图结果对比

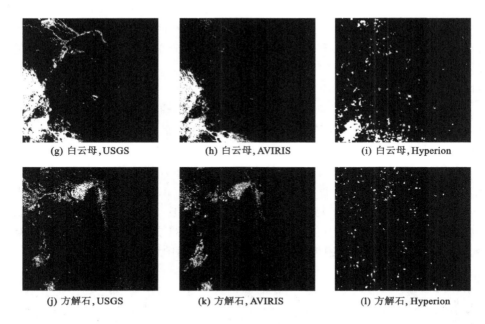

| (g) 白云母，USGS | (h) 白云母，AVIRIS | (i) 白云母，Hyperion |
| (j) 方解石，USGS | (k) 方解石，AVIRIS | (l) 方解石，Hyperion |

图 7.6(续)　AVIRIS、Hyperion 数据矿物填图实验结果与 USGS 矿物填图结果对比

由图 7.6 可以看出，Hyperion 数据和 AVIRIS 数据中明矾石和高岭石的识别效果最好，与 USGS 矿物填图结果一致程度高（图 7.6 a～f），白云母、方解石（图 7.6 g～i）在 AVIRIS 数据中识别效果较好，其在 AVIRIS 数据中的识别精度高于 Hyperion 数据，主要原因是 Hyperion 数据的信噪比较低，Hyperion 数据的低空间分辨率导致图像信息丢失，使得矿物填图精度相对较低。此外，AVIRIS 数据展示出基本的矿物填图结果，而且从 AVIRIS 数据中可以获取更多更详细的矿物类型信息；同时，考虑数据的信噪比情况，在经过严格的数据处理之后 Hyperion 数据的矿物填图结果也是可以接受的。

以 AVIRIS 数据为基准图像，选取控制点对 USGS 矿物填图结果进行地图配准，使得两幅影像配准误差在 2 个像元以内，然后分别提取每类矿物并参照上述文中所提取的矿物类型进行类别合并，随机生成每类矿物验证样本点，计算混淆矩阵，对分类结果进行精度验证。

表 7.3 验证结果表明，研究所得矿物填图结果的整体精度达到 80.77%，Kappa 系数为 0.765 7，能够识别出的 7 类矿物类型的重合度大部分达到了 55% 以上。识别较好的矿物类型为高岭石和白云母混合物、明矾石及高岭石，其吻合度分别达到了 92.87%、91.07% 和 86.32%，识别较差的矿物类型为绿

泥石和蒙脱石,其吻合度分别为 34.55% 和 35.74%,原因是两类矿物分布较为分散,受周围衍生矿物影响明显,且多以混合物形式存在。从局部区域来看,在矿物类型分布的边缘,矿物类型识别精度相对较低,其原因是不同矿物类型的交错分布或植被的影响。

表 7.3 AVIRIS 数据矿物类型识别模型矿物填图结果混淆矩阵与总体精度

混淆矩阵	明矾石	高岭石	蒙脱石	白云母	方解石	绿泥石	高岭石＋白云母	用户精度/%
明矾石	9 547	172	18	1	0	0	10	97.67
高岭石	451	6 388	27	31	0	1	56	90.62
蒙脱石	15	34	208	15	1	0	43	65.82
白云母	0	1	2	11 022	21	0	5	99.74
方解石	0	0	18	293	1 260	87	0	76.00
绿泥石	0	1	4	43	165	228	1	51.47
高岭石＋白云母	28	122	78	32	17	5	4624	93.95
生产者精度/%	91.07	86.32	35.74	77.99	56.78	34.55	92.87	
总体精度/%	80.77				Kappa		0.765 7	

7.4.2 与监督分类技术识别结果的精度对比

分别选取表 6.8 中分类效果最好的最大似然法矿物填图及 7.3 节中决策树分类矿物填图结果进行对比,分析两者矿物类型识别效果,并分别统计两者各矿物类型识别精度进行对比。表 7.4 为两种方法矿物填图识别精度对比表。

表 7.4 最大似然法与决策树分类法精度对比

		最大似然法	决策树分类
识别精度/%	明矾石	62.14	91.07
	高岭石	74.28	86.32
	白云母	91.08	77.99
	蒙脱石	36.95	35.74
整体识别精度		73.37	80.77
Kappa 系数		0.619 7	0.765 7

利用地图配准后的 USGS 矿物填图数据,分别提取明矾石、高岭石、蒙脱石、白云母、方解石、绿泥石、玉髓及高岭石和白云母混合物共 8 种典型矿物类型分布信息转换为感兴趣区,作为验证样本点,与 AVIRIS 和 Hyperion 数据的矿物填图结果相匹配,同时将验证样本点作为地表真实感兴趣区,计算混淆矩阵,获取精度验证所需要的各种矿物类别的识别精度、Kappa 系数、整体识别精度等精度验证需要的信息,对分类结果进行精度验证。

最大似然法能够有效识别 Cuprite 矿区中 4 种典型矿物,而决策树分类法识别的信息量要更为丰富,能够识别出矿区 8 种典型矿物信息,且整体识别效果要高于最大似然法,整体识别精度能够达到 80.77%,高于最大似然法的73.37%;决策树分类法对于明矾石和高岭石的识别效果明显提高,能够降低两者混合光谱的影响,减少两者错分现象,对明矾石和高岭石的识别精度分别为91.07% 和 86.32%;然而最大似然法对白云母矿物的识别效果整体较好,识别出的白云母信息丰富且连续,识别精度要明显高于决策树方法;两者对于蒙脱石矿物的识别效果相对较差,识别精度均在 36% 左右。

从图 7.8 可以看出,基于多类型光谱吸收特征参数最大似然法分类与决策树分类的矿物类型识别方法均具有较好的识别效果,矿物填图结果与 USGS 矿物填图吻合度较为一致。

图 7.8　最大似然法与决策树分类法矿物填图结果对比

　　通过上述分析可以说明,基于光谱吸收特征参数的矿物信息识别方法有效可行,不同的分类方法对矿物类型识别及识别精度均有一定的差异。其中决策树分类方法能够识别更多类型的矿物信息,且整体矿物识别精度要高于监督分类方法,但两者矿物填图效果均较好,能够满足一般需求。

8 矿物类型识别在植被覆盖区域的适应性分析及应用

8.1 植被覆盖区域的矿物光谱特征模拟

在植被覆盖区域,传感器获取的矿物光谱信息中含有的部分植被的光谱信息,对矿物类型的识别产生了一定的影响。植被是干扰矿物类型识别精度的主要环境背景因素,为探讨矿物类型识别模型在不同程度植被覆盖下矿物类型识别的稳定性和适应性,可利用线性光谱混合模型,对 Cuprite 矿区 AVIRIS 数据进行植被-矿物光谱混合模拟,得到不同植被覆盖度下的 AVIRIS 数据,同时将矿物类型识别模型分别应用于 AVIRIS 数据矿物填图实验,以分析该方法对环境背景影响的适应性。

像元在某一光谱波段的反射率(亮度值)是由构成像元的基本组分(endmember)的反射率及其所占像元面积比例为权重系数的线性组合。高光谱图像中的每个像元,都是其 L 维特征空间的一个点(L 为波段数),其中有一些称为端元的点构成了高光谱图像的基本元素,其余像元都可以由这些点线性组合而成。图像中的每一个像元都包含了不同的物质,这些物质的特征表示在图像上的光谱特征称为混合光谱。线性光谱混合模型的一般形式为:

$$p = \sum_{i=1}^{N} c_i e_i + n = Ec + n \tag{8.1}$$

$$\sum_{i=1}^{N} c_i = 1 \tag{8.2}$$

式中,N 为端元个数,p 为图像中的 M 维向量(M 为波段个数),E 为 $M \times N$ 矩阵,e_i 为每列的端元向量,c 为系数(或丰度),c_i 为 e_i 在 p 中的比例,n 为误差。

用不同类型物质经线性混合后的光谱与实测的混合光谱对比,验证混合像元线性分解模型。实验证明,在光照均匀、物质表面比较光滑的情况下,线性混合像元分解的效果符合要求[112-114]。传感器在野外地物探测时,阴影、地面差异以及物质间多次散射,造成混合光谱间的非线性效应,但是,混合光谱经线性分解模型分解,依然能够分辨不同的纯净端元。

在内华达州地区,各种矿物占据了大部分传感器探测视场,植被零散散落,分布较少。为研究植被、矿物的混合光谱变化特征,探讨在不同的植被覆盖度下矿物类型识别模型在研究区进行矿物类型识别的适用情况,基于线性光谱混合模型模拟不同植被覆盖度下与矿物混合后的光谱。图 8.1 为植被光谱曲线。图像模拟技术是在遥感理论模型、遥感先验知识及现有遥感图像的基础上,受限定因素的影响,通过数学物理计算获取特定条件下的模拟图像的技术。所用的转换方程为线性光谱混合模型,真实地模拟了传感器接收时的实况。

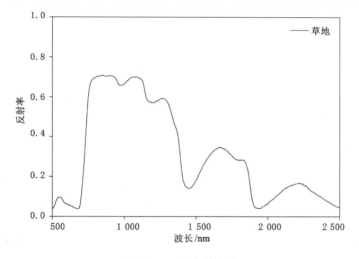

图 8.1　植被光谱曲线

植被-矿物光谱混合模拟方法的流程是通过在实验室内模拟不同覆盖度下的矿物和植物混合光谱,进行特征参数影像计算,得到不同植被覆盖度下研究区特征参数影像,然后将上述建立的矿物类型识别决策树模型应用于线性混合后的高光谱影像,进行矿物类型识别,通过观察不同植被覆盖度下矿物的提取效果,判断矿物类型识别模型的适用性。选取了 USGS 标准光谱库中草地原始高光谱图像光谱作为混合研究的纯净光谱(图 8.2),USGS 标准光谱库草地光谱曲线代表研究区植被光谱。

利用上述高光谱数据矿物光谱混合模拟方法,对原始 AVIRIS 数据以 0.1 倍的植被光谱为间隔,逐渐添加植被信息,进行植被-矿物光谱混合模拟,分别得到不同植被覆盖度下的 AVIRIS 数据,如图 8.3 所示。

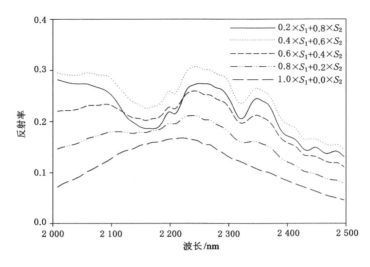

图 8.2　明矾石-草地光谱混合模拟

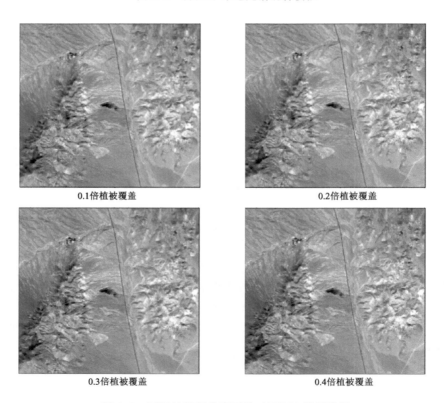

图 8.3　不同植被覆盖度下的 AVIRIS 模拟数据

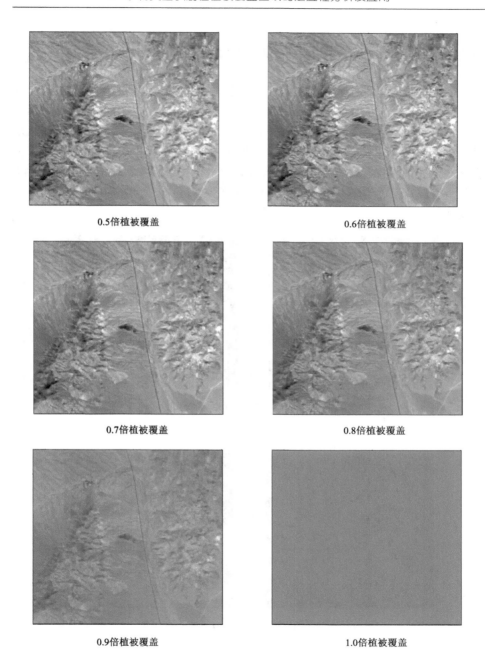

0.5倍植被覆盖

0.6倍植被覆盖

0.7倍植被覆盖

0.8倍植被覆盖

0.9倍植被覆盖

1.0倍植被覆盖

图 8.3(续)　不同植被覆盖度下的 AVIRIS 模拟数据

8.2 植被覆盖区域的矿物类型的适应性分析

将第 7 章中建立的矿物类型识别决策树模型,分别应用到上述模拟得到的不同植被覆盖度下的矿区 AVIRIS 高光谱影像,进行矿物填图实验,图 8.4(左)为得到的不同植被覆盖度下的 Cuprite 矿区矿物类型识别结果。而后对矿物类型识别结果进行定量分析与评价,以原始无植被模拟时的矿物填图结果为基准,分别使用不同植被覆盖度下的矿物填图结果与原始矿物填图结果作差,得到不同植被覆盖度下误差图像(图 8.4 右),图中白色表示漏分和错分像元。白色数目越多,说明错分或漏分现象越严重。

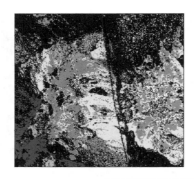

(a) 0.1倍植被覆盖下矿物填图结果(左)和误差图(右)

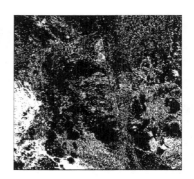

(b) 0.2倍植被覆盖矿物填图结果(左)和误差图(右)

图 8.4 不同植被覆盖度下矿物类型识别结果及误差分析图

（c）0.3倍植被覆盖矿物填图结果（左）和误差图（右）

（d）0.4倍植被覆盖矿物填图结果（左）和误差图（右）

（e）0.5倍植被覆盖矿物填图结果（左）和误差图（右）

图 8.4（续）　不同植被覆盖度下矿物类型识别结果及误差分析图

（f）0.6倍植被覆盖矿物填图结果（左）和误差图（右）

（g）0.7倍植被覆盖矿物填图结果（左）和误差图（右）

（h）0.8倍植被覆盖矿物填图结果（左）和误差图（右）

图 8.4（续）　不同植被覆盖度下矿物类型识别结果及误差分析图

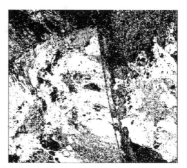

(i) 0.9倍植被覆盖矿物填图结果（左）和误差图（右）

图例　未分类　明矾石　高岭石　蒙脱石　白云母　方解石　绿泥石　玉髓　高岭石+白云母

图 8.4（续）　不同植被覆盖度下矿物类型识别结果及误差分析图

由图 8.4 矿物类型识别结果可以看出，矿物类型识别模型能够较好地识别 0.3 倍以下植被覆盖度 Cuprite 矿区的典型矿物信息。然而随着研究区植被覆盖度的不断增加，矿物类型识别结果逐渐变差，识别精度逐渐下降。对图 8.4 中误差图像进行误差统计，统计误差影像中错分或漏分像元占总像元数的百分比，分别统计得到矿物类型识别决策树模型在不同植被覆盖度下的矿物填图的精度。表 8.1 为误差统计结果。

表 8.1　不同植被覆盖度下矿物填图误差统计结果

植被覆盖度/%	正确像元数	错分、漏分像元数	整体识别精度/%
10	72 640	26 614	73.19
20	54 505	44 749	54.91
30	42 069	57 185	42.39
40	29 691	69 563	29.91
50	17 109	82 145	17.24
60	7123	92 131	7.18
70	3377	95 877	3.40
80	1841	97 413	1.85
90	316	98 938	0.32

根据表 8.1 误差统计结果，当植被覆盖度为 10% 的时候，整体识别精度较高，漏分、错分现象较少，整体识别精度达到 73.19%；随着植被覆盖程度的轻微

增加,植被覆盖度达到20％和30％时,矿物类型识别模型仍然具有较高的适宜性和稳定性,能够识别该植被覆盖程度下的所有矿物信息,矿物整体识别精度分别为54.91％和42.39％;当植被覆盖度达到40％时,整体识别精度大幅下降,仅为29.91％,但是该方法仍能识别出矿区多种矿物类型;然而,随着植被覆盖度的再次增加,矿物类型识别精度下降明显,同时,矿物类型识别模型的适应性也明显降低,矿物类型识别效果逐渐变差。

对于特定矿物类型而言,白云母和玉髓两种矿物光谱受植被的影响比较明显,模型对该类矿物的识别能力在植被覆盖度为30％时达到饱和,主要原因是白云母和玉髓矿物的吸收带与植被的吸收带比较接近,随着植被光谱信息的增加,吸收位置向植被吸收谱带不断偏移,偏移速率和幅度较大,导致植被对其光谱影响较为敏感;模型对明矾石、高岭石及蒙脱石三种矿物的识别效果相对较好,受植被的影响相对较小,三种矿物在Cuprite矿区交错分布,光谱特征类似。利用多类型特征参数对三类矿物加以控制,识别精度提高,识别效果明显改善;方解石和绿泥石受植被覆盖程度的影响轻微,模型对其识别能力比较稳定,能够识别出0.7倍植被覆盖度下的矿物信息,原因是两种矿物光谱曲线变化类似,其吸收带与植被吸收带位置差异较大,随着植被信息增加,矿物吸收带偏移速率和幅度较小,植被对其影响相对较小。

参 考 文 献

［1］甘甫平,王润生,马蔼乃,等.光谱遥感岩矿识别基础与技术研究进展［J］.遥感技术与应用,2002,17(3):140-147.

［2］甘甫平,王润生.高光谱遥感技术在地质领域中的应用［J］.国土资源遥感,2007(4):57-60.

［3］童庆禧,张兵,郑兰芬.高光谱遥感［M］.北京:高等教育出版社,2006.

［4］王润生,杨苏明,阎柏琨.成像光谱矿物识别方法与识别模型评述［J］.国土资源遥感,2007,19(1):1-9.

［5］王晋年,李志忠,张立福,等.“光谱地壳”计划:探索新一代矿产勘查技术［J］.地球信息科学学报,2012,14(3):344-350.

［6］KRUSE F A,LEFKOFF A B,DIETZ J B. Expert system-based mineral mapping in northern Death Valley,California/Nevada,using the Airborne Visible/Infrared Imaging Spectrometer (AVIRIS)［J］. Remote Sensing of Environment,1993,44:309-336.

［7］ROBILA S. An investigation of spectral metrics in hyperspectral image preprocessing for classification［C］//Geospatial Goes Global:from your Neighborhood to the Whole Planet. ASPRS Annual Conference,Baltimore,Maryland,2005:7-11.

［8］ROBILA S A. Using spectral distances for speedup in hyperspectral image processing［J］. International Journal of Remote Sensing,2005,26(24):5629-5650.

［9］YUHAS R H,GEOTZ F H A,et al. Discrimination among semiarid landscape endmembers using the spectral angle mapper (SAM) algorithm［C］//Proceedings of the 1992 Summaries of the third Annual JPL Airborne Geoscience Workshop. Pasadena,CA,JPL Publication,1992:92-149.

［10］VAN DER MEER F. The effectiveness of spectral similarity measures for the analysis of hyperspectral imagery[J]. International Journal of Applied Earth Observation and Geoinformation,2006,8(1):3-17.

[11] VAN DER MEER F. Spectral curve shape matching with a continuum removed CCSM algorithm[J]. International Journal of Remote Sensing, 2000,21(16):3179-3185.

[12] 何中海,何彬彬.基于权重光谱角制图的高光谱矿物填图方法[J].光谱学与光谱分析,2011,31(8):2200-2204.

[13] BAUGH W M,KRUSE F A,ATKINSON W W Jr. Quantitative geochemical mapping of ammonium minerals in the southern cedar mountains,Nevada,using the airborne visible/infrared imaging spectrometer (AVIRIS)[J]. Remote Sensing of Environment,1998,65(3): 292-308.

[14] CHANG C I. An information-theoretic approach to spectral variability, similarity,and discrimination for hyperspectral image analysis[J]. IEEE Transactions on Information Theory,2000,46(5):1927-1932.

[15] 张修宝,袁艳,景娟娟,等.信息散度与梯度角正切相结合的光谱区分方法[J].光谱学与光谱分析,2011,31(3):853-857.

[16] CROWLEY J K,BRICKEY D W,ROWAN L C. Airborne imaging spectrometer data of the Ruby Mountains,Montana:Mineral discrimination using relative absorption band-depth images[J]. Remote Sensing of Environment,1989,29(2):121-134.

[17] 甘甫平,王润生.遥感岩矿信息提取基础与技术方法研究[M].北京:地质出版社,2004.

[18] 甘甫平,王润生,马蔼乃.基于特征谱带的高光谱遥感矿物谱系识别[J].地学前缘,2003,10(2):445-454.

[19] 甘甫平,刘圣伟,周强.德兴铜矿矿山污染高光谱遥感直接识别研究[J].地球科学,2004,29(1):119-126.

[20] 许宁,胡玉新,雷斌,等.基于改进光谱特征拟合算法的高光谱数据矿物信息提取[J].光谱学与光谱分析,2011,31(6):1639-1643.

[21] 王晋年,张兵,刘建贵,等.以地物识别和分类为目标的高光谱数据挖掘[J].中国图像图形学报,1999,11(4):957-964.

[22] 甘甫平.遥感岩矿信息提取基础与技术方法研究[D].武汉:中国地质大学,2001.

[23] 刘春红.超光谱遥感图像降维及分类方法研究[D].哈尔滨:哈尔滨工程大

学,2005.

[24] VANE G,GOETZ A F H. Terrestrial imaging spectrometry:current status,future trends[J]. Remote Sensing of Environment,1993,44(2/3):117-126.

[25] VINCENT R K. Fundamental of geological and environment remote sensing[M]. Upper Saddle River:Prentice Hall Series in Geographic Information Science,1997,56(4):1-366.

[26] PEARLMAN J,CARMAN S. SEGAL C,et al. Overview of the Hyperion imaging spectrometer for the NASA EO-1 mission[C]// Proceedings of the International Geoscience and Remote Sensing Symposium (IGARSS),2001:3036-3038.

[27] 范楠楠,李增元,范文义,等.PHI-3 高光谱数据预处理[J].水土保持研究,2007,14(2):283-286.

[28] 郭兴杰,王阳春,汪爱华,等.HJ-1A 高光谱数据的条带噪声去除方法研究[J].遥感信息,2011,26(1):54-58.

[29] 钮立明,蒙继华,吴炳方,等.HJ-1A 星 HSI 数据 2 级产品处理流程研究[J].国土资源遥感,2011,23(1):77-82.

[29] HUNT G R. Spectral signatures of particulate minerals in the visible and near infrared[J]. Geophysics,1977,42(3):501-513.

[30] HUNT G R. Spectroscopic properties of rocks and minerals in handbook of physical properties of rocks[M]. Boca Raton:CRC Press,1982.

[31] HUNT G R,SALISBURY J W. Assessment of Landsat filters for rock type discrimination,based on intrinsic information in laboratory spectra[J]. Geophysics,1978,43(4):471-471.

[32] KING T V,CLARK R N. Spectral characteristics of serpentines and chlorites using high resolution reflectance spectroscopy[J]. Journal of Geophysical Research,1989,94:13997-14008.

[33] GAFFEY S J. Spectral reflectance of carbonate minerals in the visible and near infrared (0. 35-2. 55 μm):calcite,aragonite,and dolomite[J]. American Mineralogist,1986,71:151-162.

[34] GAFFEY S J. Spectral reflectance of carbonate minerals in the visible and near infrared (0. 35～2. 55 μm):Anhydrous carbonate minerals[J]. Journal of Geophysical Research,1987,92:1429-1440.

[35] KRUSE F A,KIEREIN-YOUNG K S,BOARDMAN J W. Mineral map-

ping at Cuprite,Nevada with a 63 channel imaging spectrometer[J]. Photogrammetric Engineering and Remote Sensing,1990,56(1):83-92.

[36] CLARK R N,KING T V V,KLEJWA M,et al. High spectral resolution reflectance spectroscopy of minerals[J]. Journal of Geophysical Research,1990,95:12653-12680.

[37] CLARK ROGER N. Spectroscopy of recks and minerals and principals of spectroscopy[C]//Manual of Remote Sensing,New York:Remote Sensing for the Earth Sciences,1999:3-58.

[38] CLARK R N,SWAYZE G A,ERIC LIVO K,et al. Imaging spectroscopy:Earth and planetary remote sensing with the USGS Tetracorder and expert systems[J]. Journal of Geophysical Research,2003,108(12):1-44.

[39] 舒守荣,陈健.最佳遥感波段选择的概率统计方法及其在碳酸盐岩石鉴别中的应用[J].中国岩溶,1982(1):66-76.

[40] 舒守荣.碳酸盐岩石最佳遥感波段选择的叠合光谱图方法[J].中国岩溶,1982(2):152-158.

[41] 傅碧宏.遥感岩石学的研究及其进展[J].地球科学进展,1996,11(3):252-258.

[42] 张宗贵,王润生,郭小方,等.基于地物光谱特征的成像光谱遥感矿物识别方法[J].地学前缘,2003,10(2):437-443.

[43] 阚明哲,田庆久,张宗贵.新疆哈密三种典型蚀变矿物的 HyMap 高光谱遥感信息提取[J].国土资源遥感,2005,17(1):37-40.

[44] 周强,甘甫平,王润生,等.高光谱遥感影像矿物自动识别与应用[J].国土资源遥感,2005,17(4):28-31.

[45] 王延霞,吴见,周亮广,等.不同粒度条件下矿物光谱变化分析[J].光谱学与光谱分析,2015,35(3):803-808.

[46] 梁树能,甘甫平,闫柏琨,等.绿泥石矿物成分与光谱特征关系研究[J].光谱学与光谱分析,2014,34(7):1763-1768.

[47] VAN DER MEERO F,BAKKER W H.Cross correlogram spectral matching:application to surface mineralogical mapping by using AVIRIS data from Cuprite,Nevada[J]. Remote Sensing of Environment,1997,61(3):371-382.

[48] BAUGH W M,KRUSE F A,ATKINSON JR W W. Quantitative geochemical mapping of ammonium minerals in the southern cedar mountains,Nevada,using the airborne visible/infrared imaging spectrom-

eter（AVIRIS）[J]. Remote Sensing of Environment，1998，65（3）：292-308.

[49] ROWAN L C. Analysis of simulated advanced spaceborne thermal emission and reflection（ASTER）radiometer data of the Iron Hill，Colorado，study area for mapping lithologies[J]. Journal of Geophysical Research，1998，103：32291-32306.

[50] BIERWIRTH P，HUSTON D P，BLEWETT R S. Hyperspectral mapping of mineral assemblages associated with gold mineralization in the central pilbara，western Australia[J]. Economic Geology，2002，97（4）：819-826.

[51] GREG VAUGHAN R，CALVIN W M，TARANIK J V. SEBASS hyperspectral thermal infrared data：surface emissivity measurement and mineral mapping[J]. Remote Sensing of Environment，2003，85（1）：48-63.

[52] NEVILLE R A，LEVESQUE J，STAENZ K，et al. Spectral unmixing of hyperspectral imagery for mineral exploration：comparison of results from SFSI and AVIRIS[J]. Canadian Journal of Remote Sensing，2003，29（1）：99-110.

[53] MARS J C，ROWAN L C. Spectral assessment of new ASTER SWIR surface reflectance data products for spectroscopic mapping of rocks and minerals[J]. Remote Sensing of Environment，2010，114（9）：2011-2025.

[54] LITTLEFIELD E F，CALVIN W M. Geothermal exploration using imaging spectrometer data over Fish Lake Valley，Nevada[J]. Remote Sensing of Environment，2014，140：509-518.

[55] 甘甫平，王润生，杨苏明. 西藏 Hyperion 数据蚀变矿物识别初步研究[J]. 国土资源遥感，2002，14（4）：44-50.

[56] 相爱芹. 短波红外技术在矿物填图与遥感岩性识别中的应用研究[D]. 长沙：中南大学，2007.

[57] 林娜. 高光谱遥感岩矿特征提取与分类方法研究[D]. 成都：成都理工大学，2011.

[58] 林娜，杨武年，王斌. 基于 FLAASH 的 AVIRIS 高光谱影像大气校正[J]. 地理空间信息，2013，11（4）：49-50.

[59] 陈圣波，刘彦丽，杨倩，等. 植被覆盖区卫星高光谱遥感岩性分类[J]. 吉林大学学报（地球科学版），2012，42（6）：1959-1965.

[60] 孙灵芝，凌宗成，刘建忠. 月球东海盆地的矿物光谱特征及遥感探测[J]. 地学前缘，2014，21（6）：188-203.

[61] 常睿春,王璐,王茂芝.FastICA 在高光谱遥感矿物信息提取中的应用[J].国土资源遥感,2013,25(4):129-132.

[62] 唐超,陈建平,张瑞丝,等.基于 Aster 遥感数据的班怒成矿带矿化蚀变信息提取[J].遥感技术与应用,2013,28(1):122-128.

[63] 于清.基于多光谱遥感数据的班怒成矿带蚀变填图的方法研究[J].中国矿业,2013,22(S1):183-190.

[64] 刘汉湖,杨武年,杨容浩.高光谱遥感岩矿识别方法对比研究[J].地质与勘探,2013,49(2):359-366.

[65] BAUGH W,KRUSE F A,ATKINSON W W. Quantitative geochemical mapping of ammonium minerals in the southern Cedar Mountains,Nevada, using the Airborne Visible/Infrared Imaging Spectrometer(AVIRIS)[J]. Remote Sensing of Environment,1998,65(3):292-308.

[66] FENSTERMAKER L K,MILLER J R. Identification of fluvially redistributed mill tailings using high spectral resolution aircraft data[J]. Photogrammetric Engineering & Remote Sensing,1994,60(8):989-995.

[67] CROWLEY J K,BRICKEY D W,ROWAN L C. Airborne imaging spectrometer data of the Ruby Mountains,Montana:Mineral discrimination using relative absorption band-depth images[J]. Remote Sensing of Environment,1989,29(2):121-134.

[68] SMITH M O,JOHNSON P E,ADAMS J B. Quantitative determination of mineral type and abundances from reflectance spectra using principal components analysis[J]. Journal of Geophysical Research,1985,90(S02): 792-804.

[69] KRUSE F A,BOARDMAN J W,HUNTINGTON J F. Comparison of airborne hyperspectral data and eo-1 Hyperion for mineral mapping[J]. IEEE Transactions on Geoscience and Remote Sensing,2003,41(6): 1388-1400.

[70] BIOUCAS-DIAS J M,PLAZA A,DOBIGEON N,et al. Hyperspectral unmixing overview:geometrical,statistical,and sparse regression-based approaches[J]. IEEE Journal of Selected Topics in Applied Earth Observations and Remote Sensing,2012,5(2):354-379.

[71] WU C S,MURRAY A T. Estimating impervious surface distribution by spectral mixture analysis[J]. Remote Sensing of Environment,2003,84 (4):493-505.

［72］BHATTACHARYA S，MAJUMDAR T J，RAJAWAT A S，et al. Utilization of Hyperion data over Dongargarh，India，for mapping altered/weathered and clay minerals along with field spectral measurements［J］. Journal of Remote Sensing，2012，33(17)：5438-5450.

［73］GONZALEZ C，RESANO J，PLAZA A，et al. FPGA implementation of abundance estimation for spectral unmixing of hyperspectral data using the image space reconstruction algorithm［J］. IEEE Journal of Selected Topics in Applied Earth Observations and Remote Sensing，2012，5(1)：248-261.

［74］余先川，熊利平，徐金东，等. 基于二次散射非线性混合模型的矿物填图方法［J］. 国土资源遥感，2014，26(2)：60-68.

［75］赵春晖，王立国，齐滨. 高光谱遥感图像处理方法及应用［M］. 北京：电子工业出版社，2016：1-12.

［76］亓呈明. 基于多核学习的高光谱遥感影像分类方法研究［D］. 北京：中国地质大学(北京)，2016.

［77］张良培，张立福. 高光谱遥感［M］. 北京：测绘出版社，2011.

［78］KAHLE A B，GOETZ A F H. A data base of geologic field spectral ［C］//Proceedings of 15th International Symposium on Remote Sensing of Environment，International Computer Software ＆ Applications Conference，1981.

［79］GROVE C I，HOOK S J，PAYLORLL E D. Compilation of laboratory reflectance spectra of 160 minerals 0. 4 to 2. 5 micrometers ［R］. Jet Propulsion Laboratory，NASA，1992.

［80］陈述彭. 遥感信息机理研究［M］. 北京：科学出版社，1998：163-164.

［81］CLARK R N，SWAYZE G A. Mapping minerals，amorphous materials，environmental materials，vegetation，water，ice and snow，and other materials：the usgs tricorder algorithm［C］//Summaries of the fifth Annual JPL Airborne Earth Science Workshop，Pasadena，California，JPL Publication，1995.

［82］韦晶，朱金山，孙林，等. 光谱增强技术在高光谱数据岩性识别中的应用［J］. 资源开发与市场，2013，29(11)：1123-1126.

［83］ASHLEY R P. Preliminary geologic map of the goldfield mining district，Nevada［R］. U. S. geological survey，1971.

［84］ASHLEY R P，ABRAMS M J. Alteration mapping using multispectral images-Cuprite mining district,Esmeralda County,Nevada[R]. U. S. geological survey,1980.

[85] GOETZ A F H,SRIVASTAVA V. Mineralogic mapping in the Cuprite mining district[C]//Proceedings of the first Airborne Imaging Spectrometer Workshop. Pasadena,California:Jet Propulsion Laboratory,1985:22-31.

[86] HOOK S J,GABELL A R,GREEN A,et al. A comparison of techniques for extracting emissivity information from thermal infrared data for geologic studies[J]. Remote Sensing of Environment,1992,42(2):123-135.

[87] VAN DER MEER F,BAKKER W. CCSM:Cross correlogram spectral matching[J]. International Journal of Remote Sensing,1997,18(5):1197-1201.

[88] CHEN XIANFENG,WARNER TIMOTHY A,CAMPAGNA DAVID J. Integrating visible,near-infrared and short-wave infrared hyperspectral and multispectral thermal imagery for geological mapping at Cuprite,Nevada[J]. Remote Sensing of Environment,2007,110:344-356.

[89] THOMPSON D R,BORNSTEIN B,CHIEN S,et al. Autonomous spectral discovery and mapping onboard the EO-1 spacecraft[J]. IEEE Transactions on Geoscience and Remote Sensing,2013,51(6):3567-3579.

[90] HUANG X M,HSU P H. Comparisom of wavelet-based and HHT-based feature extraction methods for hyperspectral image classification[J]. ISPRS - International Archives of the Photogrammetry, Remote Sensing and Spatial Information Sciences,2012,B7:121-126.

[91] IORDACHE M D,BIOUCAS-DIAS J M,PLAZA A. Collaborative sparse regression for hyperspectral unmixing[J]. IEEE Transactions on Geoscience and Remote Sensing,2014,52(1):341-354.

[92] 袁金国,牛铮,王锡平. 基于 FLAASH 的 Hyperion 高光谱影像大气校正[J].光谱学与光谱分析,2009,29(5):1181-1185.

[93] 邬伦,张晶,刘瑜. 地理信息系统:原理、方法和应用[M]. 北京:科学出版社,2001.

[94] 谭炳香,李增元,陈尔学,等. EO-1 Hyperion 高光谱数据的预处理[J].遥感信息,2005,20(6):36-41.

[95] BOARDMAN J W,KRUSE FRED A. Automated spectral analysis:a geological example using AVIRIS data,north Grapevine Mountains,Nevada

[J]. Proceedings of the Tenth Thematic Conference on Geologic Remote Sensing,1994,1(1):407-418.

[96] GALVÃO L S,FORMAGGIO A R,TISOT D A. Discrimination of sugarcane varieties in Southeastern Brazil with EO-1 Hyperion data[J]. Remote Sensing of Environment,2005,94(4):523-534.

[97] CLARK R N,ROUGH T L. Reflectance spectroscopy. quantitative analysis techniques for remote sensing application[J]. Journal of Geophysical Research,1984,89:6329-6340.

[98] KRUSE FRED A,RAINES G L,WATSON K. Analytical techniques for extracting geologic information from multichannel airborne spectrometer and airborne imaging spectrometer on remote sensing of environment [C]//Thematic Conference on Remote Sensing for Exploration Geology, 4th,Environmental Research Institute of Michigan(ERIM),Ann Arbor, 1985:309-324.

[99] 白继伟. 基于高光谱数据库的光谱匹配技术研究[D]. 北京:中国科学院,2002.

[100] 许卫东,尹球,匡定波. 地物光谱匹配模型比较研究[J]. 红外与毫米波学报,2005,24(4):296-300.

[101] CRÓSTA A P,SABINE C,TARANIK J V. Hydrothermal alteration mapping at bodie,California,using AVIRIS hyperspectral data[J]. Remote Sensing of Environment,1998,65(3):309-319.

[102] CARVALHO J A,MENESE P R. Spectral correlation mapper(SCM): an improvement on the spectral angle mapper(SAM)[R]. Ninth JPL Airborne Earth Science Workshop. JPL Publication,2000.

[103] CHANG C,DU Y Z,REN H. New hyperspectral discrimination measure for spectral characterization[J]. Optical Engineering,2004,43(8):1777.

[104] 杨金红. 高光谱遥感数据最佳波段选择方法研究[D]. 南京:南京信息工程大学,2005.

[105] CHAVEZ P S,BERLIN G L,SOWERS L B. Statistical method for selecting landsat MSS ratios[J]. Journal of Applied Photographic Engineering,1982,1(8):23-30.

[106] 钱茹茹. 遥感影像分类方法比较研究[D]. 西安:长安大学,2007.

[107] 那晓东,张树清,孔博,等. 基于决策树方法的淡水沼泽湿地信息提取:以三江平原东北部为例[J]. 遥感技术与应用,2008,23(4):365-372.

[108] 那晓东,张树清,李晓峰,等.基于 QUEST 决策树兼容多源数据的淡水沼泽湿地信息提取[J].生态学杂志,2009,28(2):357-365.

[109] 何祺胜,塔西甫拉提·特依拜,丁建丽.基于决策树方法的干旱区盐渍地信息提取:以渭干河-库车河三角洲绿洲为例[J].资源科学,2006,28(6):134-140.

[110] 蔡栋,魏巍.基于决策树的水生植被遥感信息提取研究[J].安徽农业科学,2009,37(16):7615-7616.

[111] 翁中银,何政伟,于欢.基于决策树分类的地表覆盖遥感信息提取[J].地理空间信息,2012,10(2):110-112.

[112] MURPHY R J,WADGE G. The effects of vegetation on the ability to map soils using imaging spectrometer data[J]. International Journal of Remote Sensing,1994,15(1):63-86.

[113] PLAZA A,MARTINEZ P,PEREZ R M,et al. Spatial/spectral endmember extraction by multidimensional morphological operations[J]. IEEE Transactions on Geoscience and Remote Sensing, 2002, 40 (9): 2025-2041.

[114] RODGER A,CUDAHY T. Vegetation corrected continuum depths at 2. 20 μm:an approach for hyperspectral sensors[J]. Remote Sensing of Environment,2009,113(10):2243-2257.